Dr. med. Peter Niemann

Das kranke Krankenhaus

Eindrücke aus den USA und Deutschland

tredition®
www.tredition.de

www.arztinusa.de

Verlag: tredition GmbH, Hamburg

ISBN
Paperback: 978-3-7439-1347-9
Hardcover: 978-3-7439-1348-6
e-Book: 978-3-7439-1349-3

Gedruckt in Deutschland / printed in Germany

Einleitung

Seit mehreren Jahren arbeite und lebe ich als Arzt in den USA, und mittlerweile sind die USA so etwas wie meine zweite Heimat geworden. Als ich nach meinem Medizinstudium in Deutschland beschloß, in die USA zu gehen, dachte ich, daß ich nur für die Ausbildung bleiben und dann wieder nach Deutschland zurückkehren würde, um dort als Facharzt tätig zu werden. Mittlerweile bin ich teilseßhaft geworden, habe Gefallen am ärztlichen Wirken in den USA gefunden, und es ist klar, daß ich noch ein wenig bleiben werde.

Obwohl die USA und Deutschland so viele Gemeinsamkeiten und sich auch wechselseitig beeinflußt haben, so fiel mir schon in den ersten Monaten als in Deutschland ausgebildeter Arzt die Andersartigkeit des US-Gesundheitssystemes auf. Die Unterschiede sind deutlich und lassen sich mit Begriffen wie hoher Komfortstand, schnellste und modernste therapeutische und diagnostische Möglichkeiten und dichtes Personalnetz, hoher Fokus auf Patientensicherheit, aber auch erhöhte Zahl an Unversicherte nur grob umschreiben. Es sind oft Nuancen und eine Andersartigkeit, die das Arbeiten in den USA in gewisser Hinsicht zu einer Art Kulturschock für mich als deutschen Arzt werden ließen. Umso überraschter stelle ich mittlerweile fest, daß es fast noch fremdartiger und schwieriger für mich geworden ist, den umgekehrten Weg zu gehen, also als in den USA arbeitender Arzt wieder in Deutschland zu arbeiten. Dabei sind mir in beiden Gesundheitssystemen, dem deutschen und dem amerikanischen, Dysfunktionalitäten aufgefallen. Obgleich es manchen Leser etwas überraschen mag, weil gerade das US-Gesundheitswesen so oft medial kritisiert wird, so scheinen die

Dysfunktionalitäten deutlicher ausgeprägt im deutschen Krankenhauswesen als dem amerikanischen.

Der Fokus des Buches ist zwar auf das amerikanische Gesundheitswesen und hier vor allem das Krankenhaus gerichtet, aber ein zweiter Schwerpunkt liegt auf meine mittlerweile – zum negativen – geänderte Sicht des deutschen Krankenhauses. Denn mir scheint, als sei das deutsche Krankenhauswesen zwar leistungsfähig, aber in manchen Aspekten wirkt es zweitklassig im Gegensatz zu vielen US-Krankenhäusern.

Woher kommen diese Unterschiede? Ist es die höhere Technologieaffinität des US-Gesundheitssystemes und die Tatsache, daß die USA mehr Geld pro Einwohner und im Verhältnis zu ihrer Wirtschaftsleistung in ihr Gesundheitswesen investieren? Ist es der höhere juristische Druck, unter dem man als Arzt tagtäglich steht, und wodurch eine ressourcenverbrauchende und in gewisser Hinsicht interventionsfreudigere Medizin entsteht? Spielt die ausgeprägte Individualität des US-Bürgers eine Rolle? In vielen meiner Texte habe ich versucht, diesen Fragen nachzuspüren.

Trotz all der positiven Eigenschaften des Systems muß aber betont werden, daß es insgesamt bei vielen wichtigen Kennzahlen im Gegensatz zu anderen westlichen Ländern schlechter dasteht. So besitzen Amerikaner in ihrer Gesamtheit eine niedrigere durchschnittliche Lebenserwartung (wobei wohlhabende Amerikaner im Durchschnitt länger als viele Europäer leben), sind Schlußlicht der entwickelten Länder, wenn es um die gesundheitliche Versorgung *aller* Bevölkerungsgruppen geht, weisen deutliche Disparitäten zwischen der Gesundheit armer und reicher Menschen auf und sind bei vielen weiteren Kennzahlen wie Mütter- und Säuglingssterblichkeit einfach nicht auf dem Niveau anderer entwickelter Länder.

Ist das ein Paradox? Ich meine nein, denn dieses ist ein statistischer Effekt bei der die reichen und gesunden zwar sehr gesund sind aber eine größere Zahl an ärmeren Menschen statistisch für diese schlechten Durchschnittszahlen sorgen. In den USA gibt es eben deutliche Disparitäten nicht nur zwischen arm und reich, sondern eben gesund und krank, wobei meistens reiche Menschen besonders hohe und arme eine besonders niedrige Gesundheitsversorgung erhalten.

Seit Jahren schreibe ich für das deutsche Ärzteblatt zu diesem Thema und möchte viele der angesprochenen Fragen einem größeren Publikum bekannt machen. Gerade weil die USA sich im Umbruch befindet, weil aber jedes Gesundheitswesen an demographische und damit finanzielle Grenzen stößt, kann der Blick in ein anderes Land, in *das* führende medizinische Land schlechthin, die USA, helfen Fehlentwicklungen aber auch positive Veränderungen zu erkennen.

Dieses Buch faßt einige meiner Veröffentlichungen zusammen, zum Teil deutlich adaptiert, und soll einen ersten Eindruck des US-Gesundheitswesens, aber auch im Umkehrschluß einige Beobachtungen über das deutsche Gesundheitssystem wiedergeben. So kann jeder etwas für sich selber in diesem Buch finden, ob zum Beispiel meine Eindrücke über das deutsche Gesundheitswesen und seinem von mir oft als suboptimal angesehenen Leistungsniveau, den heterogenen Versorgungsstrukturen des US-Krankenhauswesens oder meinen persönlichen Alltagseindruck.

Ich bitte Sie als Leser dabei meine Geschichten *cum grano salis*, als subjektive Wahrnehmung und somit aus dem Blickwinkel eines Einzelnen zu nehmen. Daß ich dabei versuche, das Gesundheitswesen zweier Länder, das der USA und Deutschlands, zu erfassen und zu beschreiben, kann nur in Ansätzen gelingen und manches wird über-, anderes unterzeichnet sein. Aber es soll anregen über beide Systeme nachzudenken.

Viel Spaß beim Lesen wünsche ich!

Kapitel 1: Das deutsche Gesundheitssystem aus den Augen eines in den USA arbeitenden deutschen Arztes

Zu Besuch in der deutschen Heimat: Als Hospitant

Für etwas weniger als einen Monat habe ich im Jahr 2012 an einem großen deutschen Krankenhaus in Berlin hospitiert. Ohne den Namen zu nennen muß ich betonen, daß es sich um ein Krankenhaus mit international bedeutenden Ruf handelt. Ich hatte beschlossen, im Rahmen meiner internistischen Facharztausbildung in den USA, an dieses Berliner Krankenhaus zu gehen und dabei als Hospitant zu arbeiten, also einer Art Praktikum im Krankenhaus zu absolvieren. Die Erfahrungen waren einschneidender, als ich es erwartet hatte.

Schon meine Rückreise und erster Heimattag in Deutschland war spannend: Ein anderes Lebensgefühl und Umgang miteinander in Deutschland, deutliche weniger Fettleibige, mehr Fußgänger und öffentliche Verkehrsmittel. Das eher Herzliche der USA fehlte, denn während man dort von Fremden oft angelächelt wird, schienen die meisten Menschen in Deutschland nur auf sich beschränkt zu sein in ihrer Gedankenwelt. Weiterhin wurde mir bewußt wie wenig Wert darauf gelegt wurde eine einheitliche Sprache zu sprechen, denn während in den USA fast alle Englisch miteinander reden und das Nichtenglische ungern gesehen wird (sieht man einmal von Spanisch ab, daß in gewisser Hinsicht einen Sonderstatus hat), so war das in Berlin anders mit dem Gewirr vielfältiger Sprachen. Auch das unter jungen

Menschen geläufige "Kiezdeutsch" war ungewohnt und schien seit meinem Wegzug an Bedeutung gewonnen zu haben.

Gespannt begann ich meinen ersten Arbeits-, bzw. Hospitationstag im Krankenhaus. Ich lief mit Ärzten mit bei der Visite und sollte dabei Einblick in den Krankenhausalltag erhalten. Da ich aber aus einem sehr fortschrittlichen Gesundheitssystem kam, fließend deutsch sprach und meine Kollegen rasch meine Aufgeschlossenheit fürs kritische Diskutieren merkten, wurden aus den Hospitationswochen eine Art medizinkultureller Austausch. Die dabei festgestellten Unterschiede waren gravierend, manchmal sogar haarsträubend, denn mir wurde schnell bewußt, wie anders das deutsche vom amerikanischen System war, etwas, daß mir in dieser Deutlichkeit vorher nie aufgefallen war.

Deutschlandeindruck I: Deutsche Ärzte und die US-Medizin

An meinem ersten Hospitationstag im Berliner Krankenhaus im Frühjahr 2012 wurde mir bewußt wie weit verbreitet und wie stark der Einfluß der englischsprachigen und vor allem US-amerikanischen Medizin in Deutschland ist. Nicht nur meine Person und Schilderungen aus den USA erregten sehr viel Interesse, sondern auch an anderen Dingen merkte ich das starke Interesse der deutschen Kollegen.

Zunächst fiel mir auf, wie allgegenwärtig englische Fachbegriffe in Deutschland sind. In beinahe jedem Arztbrief, jeder Patientenvorstellung, jeder ärztlichen Interaktion kamen englischsprachige Begriffe vor: So wurde bei einem CT-Bericht statt von Schleimpfropfen von „mucous plugging" gesprochen, ein Krebsleiden statt als progredient eben als „progressive disease" dargestellt oder ein „Staging" durchgeführt statt eine Stadieneinteilung oder Stadierung. Ich habe fünf Minuten lang bei der ärztlichen Frühbesprechung mitgeschrieben und kam auf 23 englische Medizinbegriffe; wenn ich die Anglizismen mitgerechnet hätte, wäre sicherlich das Doppelte oder Dreifache herausgekommen.

Weiterhin fiel mir auf wie ubiquitär die US-Fachliteratur war. Das *New England Journal of Medicine (NEJM), Journal of the American Medical Association (JAMA*) und *Annals of Internal Medicine* wurden oft genannt und lagen auf Station, das deutsche Magazin *Der Internist* und selbst die britischen Fachjournale *Lancet* und *British Medical Journal* (BMJ) fand man nur ausnahmsweise. Am Rande und aus eigener Erfahrung übrigens: In Frankreich hätte man das französischsprachige *Revue de Médecine Interne* allenthalben gefunden, und es gehörte dort zum Standardrepertoire, aber in Deutschland verschmäht man scheinbar das Deutsche.

Darüber hinaus wurde das US-System, sieht man von den oft von Deutschen angeprangerten Mißständen der hohen Kosten und Unterschiede in der Gesundheitsversorgung zwischen Armen und Reichen ab, weitestgehend glorifiziert. Jeder der dort gearbeitet hatte oder gelebt hatte, kehrte diese Erfahrung als eines der positivsten hervor und jedes Mal, wenn das Thema auf das US-Gesundheitswesen kam, schienen die Augen der Ärzte förmlich zu leuchten. Es freute mich naturgemäß, denn das US-System ist auch ein exzellentes, aber auch dort wird nur mit Wasser gekocht.

Am Ende meiner Hospitationszeit blieb bei mir der Eindruck bestehen, der seither mich nicht verlassen hat: Deutsche Ärzte sind verliebt in die USA und denken an und lesen oft über sie.

Deutschlandeindruck II: Wer hat das Sagen auf der Krankenhausstation?

Während meiner Hospitanzzeit im Berliner Krankenhaus fiel mir ein ungewöhnlicher Umgangston zwischen Stationsarzt und Krankenschwester auf: Man duzte sich und war zwar sehr umgänglich miteinander, aber wehe der Arzt ordnete zu viel an oder bürdete dem Krankenpflegepersonal zu viel Arbeit auf. Dann wurde seitens der Pflege gezetert und protestiert, als stünde auf Station nicht das Wohl des Patienten an erster Stelle, sondern das des Pflegepersonals. Wenn die Anordnung trotz Protestes bestehen blieb, wurde sie manchmal erst ein Tag später ausgeführt („Wir hatten einfach keine Zeit") oder durch Rücksprache mit dem Oberarzt („Ist es wirklich nötig den Harnwegsdauerkatheter zu ziehen?") versucht zu umgehen.

Dieser Umgangston und –form schockierten mich. Denn auch wenn die USA recht flache Hierarchien kennen und das Verhältnis Pflege-Arzt ein scheinbar inniges ist, so ist eindeutig festgelegt, daß es einen Weisungsbefugten (Arzt) und einen Weisungsempfänger (Krankenpfleger) im Krankenhaus gibt. Das Medizinstudium steht jedem Fleißigen offen und kann durchlaufen werden, so daß jeder der will Weisungsbefugter werden kann.

Das Pflegepersonal wird zwar seine Stimme – zu Recht – erheben, wenn es das Wohl des Patienten aufgrund einer ärztlichen Anweisung gefährdet sieht, aber alle anderen Anweisungen werden ohne Murren ausgeführt. Wird die Zeit knapp, dann verzichtet das Pflegepersonal lieber auf einige Minuten ihrer Pause, als das Patientenwohl zu gefährden. So erlebte ich es in den USA aber nicht in Deutschland.

Die Arbeitsatmosphäre zwischen Pflege und ärztlichem Personal scheint in Deutschland eine andere zu sein, beinahe schon familiär: Jeder darf mitreden und -entscheiden. Das empfinde ich zwar als nett für das Pflegepersonal, aber nicht sehr professionell. Außerdem gibt man vor dem Patienten kein gutes Bild mit solch einer Kakophonie ab. Liegt das am Pflegepersonalmangel, fehlender Autorität beim Arztpersonal oder ist der Arzt einfach gewohnt herumgeschubst zu werden, ob von der Politik, seinen Vorgesetzten oder eben dem Pflegepersonal?

Deutschlandeindruck III: Der demotivierte Arzt

Einer der Eindrücke, der bei mir haftenblieb nach meiner Hospitationszeit, war daß viele Ärzte und besonders Assistenzärzte demotiviert in deutschen Krankenhäusern scheinen. Meine US-Kollegen wirken zwar manchmal überarbeitet aber fast nie demotiviert. An der recht langen Arbeitszeit in Deutschland könnte das liegen, mag man meinen, aber dann wiederum ist sie deutlich kürzer als die Arbeitszeit in den USA: Man hat weniger Wochenenddienste, mehr Urlaubs- und Feiertage, eine kürzere Wochenarbeitszeit und ein großzügigeres Dienstsystem in Deutschland.

Weiterhin haben deutsche Assistenzärzte deutlich mehr Autonomie in ihren Entscheidungen – das müßte sich ebenfalls positiv auf die Arbeitsmoral auswirken. Darüber hinaus scheinen Patienten weniger fordernd zu sein und der juristische Druck ist geringer in Deutschland, was auch verminderte Dokumentationspflichten bedeutet – alles doch eigentlich motivierende Aspekte. Dennoch wirken viele Ärzte im deutschen Krankenhaus etwas lustlos. Wieso?

Vier deutliche Nachteile des deutschen Stationsalltages könnten dieses vielleicht erklären: suboptimale Kommunikationsstruktur Arzt-Pfleger, hoher ärztlicher Arbeitsanteil an Bürokratie auf Station, nur bedingt strukturierte Fortbildung und ein nur leicht überdurchschnittliches, für den Aufwand nicht unbedingt angemessenes Einkommen.

So sind die täglichen Reibungsverluste in Form von z.B. Widerständen seitens des Pflegepersonals beim Umsetzen bestimmter Therapiemaßnahmen ärgerlich. Das habe ich weiter oben thematisiert. Weiterhin sind die deutschen Assistentenkollegen eine Art Mädchen für alles, d. h. sie müssen Rehaanträge stellen, radiologische Untersuchungen und Konsile auf oft umständliche Art und Weise anmelden, bestimmte Sonderanträge für Therapien formulieren und viele andere bürokratische Maßnahmen, die in den USA von Sozialarbeitern, Pflegepersonal und Stationssekretären den Ärzten abgenommen werden, umsetzen. Bekanntermaßen wirkt die Bürokratie wenig belebend auf die Motivation von Menschen.

Weiterhin frustrierend wirkt auf deutsche Assistenzärzte, daß sie keine klare strukturierte Weiter- und Fortbildung haben, anders als in den USA. Dort wird den Assistenzärzten knapp zehn Stunden pro Woche an Weiterbildung geboten und den Fach- und Oberärzten oft eine Woche Bildungsurlaub pro Jahr gewährt und jährliche Unkosten bis zu 5000 US-Dollar hierfür rückerstattet. Das ist großzügig und motivierend in den USA, beim umgekehrten Fehlen in Deutschland demotivierend.

Der letzte oben aufgezählte Punkt ist weitestgehend selbsterklärend: Höheres Bruttoeinkommen in den USA bei deutlich niedrigeren Steuer- und Abgabenlasten bedingen ein Nettoeinkommen, das einem Arzt in USA viel größere Konsum- und Freizeitfreiheit gestattet als es die deutschen Kollegen sich erlauben können. In einer auf Ökonomie getrimmten Gesellschaft ist dieser zufriedenheitsgenerierende Aspekt nicht zu vernachlässigen und gerade die hohen Anforderungen des Arztberufes sollten honoriert werden.

Abschließend stellen sich folgende Fragen: Welcher der oben aufgezählten Faktoren verursacht die größte Unzufriedenheit unter den deutschen Ärzten? Wie könnte man das System verbessern? Wieso verbessert die Politik nicht die Rahmenbedingungen? Wieso wandern nicht noch mehr Ärzte ab als es ohnehin schon tun?

Deutschlandeindruck IV: Deutsches Gesundheitssytem pro-Obama

Im Jahr 2012 hatte der demokratische Präsident Barack Obama gerade seine Wiederwahl knapp gegen seinen republikanischen Herausforderer Mitt Romney gewonnen. Der Wahlkampf war in Deutschland sehr aufmerksam verfolgt worden und fast jeder hatte eine Meinung hierzu. Etwas überraschend war für mich, wie homogen sie in deutschen Krankenhäusern war: Wenn jene Ärzte, Krankenpflegepersonal und Medizinstudenten, die ich in Deutschland antraf und mit denen ich über das US-Gesundheitssystem sprach, an der US-Präsidentenwahl des Novembers des Jahres 2011 hätten teilnehmen dürfen, dann hätte Barack Obama unter ihnen gefühlte 90 % aller Stimmen erhalten. Er war unglaublich beliebt und wenig umstritten, anders als in den USA im Jahr 2011 und in späteren Jahren.

Es wurde in Deutschland mit einer Leidenschaft für seine Gesundheitsreform Stellung bezogen, als ginge es bei ihr um den Unterschied zwischen einem funktionierenden und dysfunktionalen Gesundheitssystem, zwischen Gut und Böse. Es wurden als Rechtfertigung Schlagwörter gebraucht wie „Krankenversicherung für alle", „Arme haben das Recht auf gleiche Behandlung", „Behinderte dürfen nicht benachteiligt werden" etc., gerade so als wäre das US-System wirklich ein diskriminierendes (was es nicht ist) und als stünde das System kurz vor dem Kollaps (was es nicht tut) und sei moralisch völlig korrupt (was leider nicht ganz von der Hand in manchen Fällen zu weisen ist). Obwohl es einige Dysfunktionalitäten im US-System gab (wie auch im deutschen), waren diese Schlagwörter viel zu plakativ und falsch.

Es schien in Deutschland eine gewisse Sehnsucht zu herrschen das US-Gesundheitssystem von einem privaten in ein gesetzliches verwandelt zu sehen, damit, und das war das Paradoxe, es in ein System verwandelt zu sehen ähnlich dem deutschen, obwohl so viele Ärzte und Krankenpfleger gerade nicht mit dem deutschen zufrieden waren. Trotzdem wollten sie es in ein solches verwandelt sehen. Mir fiel keine bessere Erklärung ein als das Mitschwingen einer moralischen Sehnsucht und gewissen Überheblichkeit bei der das deutsche System dem amerikanischen überlegen sein soll, ein Grund wieso das deutsche, obwohl das Arbeiten darin oft schwierig sein kann, Vorbild sein soll. Doch daß das deutsche Gesundheitswesen eine versteckte Rationierung durchführt, einen niedrigeren Personalschlüssel besitzt und Abwanderung vieler Gesundheitsarbeiter stattfindet, wird in solchen Situationen ausgeblendet. Ist es wirklich optimal und als Vorbild geeignet?

Doch solche differenzierte Überlegungen führen nicht weiter und meine Erklärungen schafften mir in Gesprächen wenig Freunde. Ich habe es mir mittlerweile abgewöhnt vom US-System zu berichten, außer wenn ich explizit hiernach gefragt werde. Aber aus der Rückschau für das Jahr 2011/2012 muß ich festhalten, daß es für Dr. Obama schade war, daß er keine Stimmen unter den deutschen Kollegen erhalten konnte; ein umkämpfter Bundesstaat wie Ohio oder Florida wäre das deutsche Gesundheitswesen für ihn nicht gewesen.

Deutschlandeindruck V: Der Staat soll es richten

Der Ruf nach dem Staat ist in Deutschland lauter als in den USA, das fällt auf. Gibt es einen – vermeintlichen oder reellen – Mißstand, dann soll der Staat ihn richten. Genügend Beispiele lassen sich dafür aufzeigen wo der Staat vermeintliche Notstände beheben soll, ob nun beim sogenannten Pflegenotstand bei Demenzkranken, fehlenden Kinderbetreuungsmöglichkeiten, vermeintlich langen Wartezeiten auf Praxistermine usw. Die deutsche Mentalität scheint von diesem Staatszentrismus nachhaltig geprägt, sowohl auf Makro- als auch Mikroebene; auf der Mikroebene verlangt der Einzelne, daß der Staat Einzelleistungen zu bezahlen und für sein individuelles Wohlergehen zu sorgen habe und auf der Makroebene politische Entscheidungen, die ihn oder von ihm gerne privilegiert gesehene Gruppen begünstigen, auch wenn diese Forderungen objektiv betrachtet häufig absurd und unverschämt wirken. Das Erstaunliche ist, daß die sie aussprechenden Patienten hingegen oft ernsthaft empört sind, daß der Staat oder die Krankenversicherung ihm die geforderte Hilfsleistung nicht bewilligen will.

Ein 74-jähriger deutscher Patient war z.B. sichtlich verstört,z. B. als die Ärzte ihm mitteilten, daß er aufgrund seiner nicht sehr schweren Lungenentzündung keinen Anspruch auf staatlich bezahlte Reha hätte. In seinen Augen stand ihm aber eine Reha zu, geographisch an der Ostsee da sie aus seiner Sicht erst eine endgültige Besserung ermöglichen würde, und er erzählte von Bekannten die eine solche erhalten hatten. Einen Bekannten zu haben, der eine bestimmte Leistung schon einmal erhalten hat, ist ein oft benutztes Argument in solchen Fällen. Übrigens: Einen Antrag stellte er trotzdem.

Ein anderer Patient wiederum, der kürzlich Pflegestufe I erhalten hatte, log die Ärzteschaft offenkundig bei der Aufnahmebesprechung an, vorgebend weniger mobil zu sein als er es in Wahrheit war. Er hoffte auf eine höhere Pflegestufe mit mehr Unterstützung und dachte durch ein offensichtliches Vortäuschen falscher Informationen und Symptome könnte das erreicht werden.

Eine andere Patientin lamentierte laut, daß ihr Hausarzt sie nicht krankschreiben wolle um ihren Mann im Krankenhaus zu besuchen – welch ein Unmensch, denn nun mußte sie abends kommen und tagsüber arbeiten. Aber auch nach Deutschland gezogene Menschen hatten diese Mentalität scheinbar zügig internalisiert und so gab es beispielsweise eine serbische Familie, die mehrmals die Woche die Ärzteschaft darum bat eine größere und vom Staat für sie bezahlte Wohnung zu beschaffen – die vier Schlafzimmer würden für die acht Familienmitglieder (von denen einige noch nicht einmal dort wohnten) in Berlin nicht ausreichen und außerdem sei die Wohnung nicht zentral genug. Am Ende unserer erfolglosen Bemühungen waren sie sehr irritiert, daß man ihnen (vorerst) nicht hatte helfen können.

Die in Deutschland herrschende Staatsgläubigkeit und im Umkehrschluß bestehende Nehmermentalität – Motto „mir steht das ja zu" – ist aus US-Sicht nicht nachvollziehbar. Angesichts enger werdender Kassen ist dieses auch eine Einstellung, die nicht mehr lange aufrechterhalten werden kann; beziehungsweise die Steuern müssen erhöht werden. Doch die Nehmermentalität ist derart beliebt, daß man öffentlich statt über Kürzungen viel häufiger über kostenlosen öffentlichen Nahverkehr, bedingungsloses Grundeinkommen und andere vom Staat und damit der Gesellschaft zu bezahlende Dinge spricht.

Deutschlandeindruck VI: Rückkehr in die moderne US-Medizin

Die in Deutschland geleistete Hospitationszeit hatte bei mir einen schalen Beigeschmack hinterlassen. Es war zwar schön wieder in der Heimat gewesen zu sein, aber leider hatte sich das Gesundheitssystem in meiner Abwesenheit nicht sehr verändert; viele Mißstände, die schon zu meiner Studiums- und Arbeitszeit vorhanden waren, bestanden leider noch immer fort, ob es sich nun um Personalmangel, hohe Bürokratie, geringe Aus- und Weiterbildungsmöglichkeiten und nicht sehr hohe Bezahlung handelte. Dadurch fühlte ich mich bestätigt vorerst in den USA zu bleiben und eine Stelle als Facharzt für Innere Medizin dort anzutreten, was ich auch ab 2012 tat.

Ich gebe zu, daß es mir viel Spaß gemacht hatte einmal wieder Blut selbst abzunehmen, Bluttransfusionen anzuhängen, periphere Zugänge zu legen, EKGs zu kleben und zu schreiben, Rehaanträge auszufüllen und zu faxen, statt elektronisch wie in den USA wieder mit Stift und Papier handschriftliche Anweisungen zu schreiben, auf Routine-CT-Untersuchungen ein bis zwei Tage zu warten und in der Zwischenzeit mittels Blutlaborwerten und körperliche Untersuchungen empirisch zu therapieren, bis wir CT-Gewißheit der Diagnose hatten, doch wirkt das alles aus US-Sicht etwas hinterwäldlerisch. Daß man manchmal mit der Pflege längere Diskussionen über ein bestimmtes Vorgehen führen mußte, ehe die Anweisungen ausgeführt wurden, war zwar aus Sicht einer basisdemokratischen Diskussionskultur nett, aber leider zeitaufwendig und oft nicht zielführend. Weiterhin wurde der Patient nur zum Teil in den Behandlungsablauf einbezogen, es wurde eher von oben herab therapiert – zeiteffizienter als eine US-Visite zwar bei der oft viel erklärt wird, aber nicht im Sinne einer patientenzentrierten Medizin.

Das deutsche Medizinsystem ist ein gutes, da gibt es keine Frage. Viele Krankenschwestern und Ärzte machen ihre Arbeit sehr gut, doch das deutsche Medizinalsystem wirkt etwas altmodisch im Vergleich zur schnelleren und technologieaffineren US-Medizin. Nach meinen Arbeitseindrücken aus Frankreich und Deutschland und den Eindrücken von Kollegen aus Großbritannien entstand in mir der Eindruck, daß die Struktur eines Gesundheitssystemes eher mit der Grundideologie als dem Land zusammenhänge: Ein primär staatlich bezahltes und damit gelenktes Gesundheitswesen ist immer etwas altmodischer, langsamer, patientenunzentrierter und technophober als ein privat bezahltes. Der Vorteil ist hingegen, daß es günstiger ist und sich „moralischer“ anfühlt, weil eine Grundversorgung zumindest in der Theorie gegeben ist (wobei es eine andere Frage ist, ob es diese wirklich gibt oder sie nur vorgetäuscht wird).

Ausbildungsasyl in den USA: Teil Eins

Wieso ging ich überhaupt zwei Jahre nach Abschluß meines Medizinstudiums in Deutschland in die USA? Ich habe diverse Mißstände zwar an anderer Stelle aufgezeigt, aber was war der eigentliche auslösende Faktor, wieso ich im Jahr 2009 in den USA meine Ausbildung zum Facharzt von vorne begann und wieso ich nicht z. B. wie viele andere Kollegen in die Schweiz oder Großbritannien ging?

Als ich mich Ende 2008 an diversen US-Krankenhäusern vorstellte, wurde mir häufig genau diese Frage gestellt, wieso ich als Arzt in den USA arbeiten und leben wolle und ein so modernes Land wie Deutschland verlasse. Meine Antwort war stets gleichlautend: Weil ich „Ausbildungsasylant“ sei. Man schaute mich dann oft verwundert an und bat um eine Erläuterung.

Ich will es nicht leugnen: Ich bin wißbegierig und manche würden mich gar als Streber bezeichnen. Mein Abitur habe ich mit Bestnote abgelegt, mein Studium als einer der besten beendet und meine Dissertation mit guter Note („magna cum laude“) geschrieben und erhielt ein Leistungsstipendium angesichts guter und sehr guter Kurs- und Staatsexamensnoten. Ich besuchte die Vorlesungen wann immer ich konnte und benutzte als Lernbücher nicht Kurz- sondern die umfangreicheren, manchmal Tausend Seiten umfassende Fachlehrbücher. Eigeninitiative habe ich gezeigt, wenn ich persönliche Wissensdefizite feststellte und diese beheben wollte, beispielsweise als ich einen Nahtkurs für Medizinstudenten organisierte, Extradienste während meiner neurologischen Famulatur (einer Art medizinischem Praktikum) in einer Geburtsklinik absolvierte um Erfahrungen bei der Kindesgeburt zu sammeln oder einen Verbands- und Gipskurs für Mediziner ins Leben rief. Nebenher habe ich diverse Nebenjobs gehabt, um mir mein Studium leisten zu können.

Ich war eben der klassische Medizinstudent: Wißbegierig, arbeitsam und immer auf der Suche nach Möglichkeiten, ein noch besserer Student zu sein um eines Tages ein sehr guter Arzt zu werden. Der Held Jons Jeromin aus dem Roman von Ernst Wiechert „Die Jeromin-Kinder“ war eines meiner Vorbilder in seinem Fleiß, seiner Bescheidenheit und seinem Idealismus auf seinem Weg zum Arztberuf.

So beendete ich mein Studium im Herbst 2007; die Frage war da noch ungeklärt, wo ich meine Ausbildung zum Facharzt machen sollte. Eine Stelle in der Schweiz schlug ich damals aus, einfach weil die Schweiz von deutschen Ärzten mir als zu überlaufen, und die Ausbildung gut aber eben nicht exzellent schien. So ging ich nach Frankreich im naiven Glauben, daß ein ärztliches Leben und Arbeiten in einem Land mit historisch großartiger Medizin und bedeutenden Ärzten (Babinski, Charcot, Guillain etc.) auch eine sehr gute Ausbildung bedeuten würde. Leider täuschte ich mich und kehrte mit zwar vielen sehr interessanten Erlebnissen aber suboptimaler Ausbildungserfahrung zurück. Es folgte dann das Arbeiten an zwei bundesdeutschen Krankenhäusern, die deutsche Ausbildung erprobend.

Leider bestätigte sich mein Eindruck aus meiner Studiumszeit und die Ausbildungsformate waren ebenfalls für meine Verhältnisse suboptimal – ich arbeitete zwar als Arzt in der Weiterbildung, als Assistenzarzt, es fand jedoch kaum eine Weiterbildung die diesen Namen verdiente statt, vielmehr schaute ich den anderen Ärzten einfach zu und von ihnen das ab, was ich als lernenswert erachtete. Das als Aus- bzw. Weiterbildung zu deklarieren schien mir zynisch. Daher hörte ich mich bei ärztlichen Freunden und Bekannten um, die in der Schweiz, in England oder in skandinavischen Gefilden arbeiteten; aber so recht gefiel mir nicht, was ich über die dortige Ausbildung hörte. Am positivsten war das, was ich von in USA arbeitenden deutschen Ärzten hörte. Ich wagte den Sprung nach gründlicher Vorbereitung.

So begann meine Stellensuche Ende 2008, in deren Verlauf ich mich an elf Krankenhäusern vorstellte. Oft sprach ich vom „Ausbildungsasyl“ als Grund, wieso ich in die USA gekommen war. Man schaute mich zwar etwas seltsam angesichts dieses Wortungetümes an, aber man akzeptierte es nach meinen Erläuterungen. Am Ende entschied ich mich für eine Stelle in der Millionenmetropole Minneapolis/St. Paul, und ich zog dorthin. So kam ich denn in die USA als ein Ausbildungsasylant.

Ausbildungsasyl in den USA: Teil Zwei

Meine Stimmung in Minneapolis war in den ersten Arbeitsmonaten meiner fachärztlichen Weiterbildung eine geradezu euphorische, denn die Ausbildung war vom Niveau her exzellent und klar strukturiert – so etwas Stringentes hatte ich bisher nicht erlebt. Daß der Grundstock dieser Ausbildung unter anderem die deutsche fachärztliche Ausbildung des 19. Jahrhunderts sein sollte, denn der kanadisch-amerikanische Arzt William Osler, der viele Grundideen der Medizinausbildung in den USA eingeführt hatte, hatte ärztliche Ausbildungszeit unter anderem in Deutschland und dem damaligen Österreich-Ungarn verbracht, aber es war so.

Das Arbeiten als Internist war weniger ein Herumstochern, wie ich es manchmal davor in Deutschland oder Frankreich wahrgenommen hatte, als ein systematisches Vorgehen mit klarem diagnostischem und therapeutischem Arsenal. Man lehrte es mir Stück um Stück, sehr systematisch vorgehend. Dennoch gab es auch in den USA einige frustrierende Momente für mich: Als Erstjahrassistenten wurden wir beinahe exzessiv an die Hand genommen und mußten selbst einfachste Fragestellungen mit unseren Oberärzten diskutieren.

Einfache Therapieentscheidungen wie die zu verschreibende Erstmedikation bei Zuckerkranken (Diabetes mellitus) artete manchmal in ganzstündige Diskussionen über die Diabetesbehandlung im Allgemeinen aus. Vielfältige Insulinberechnungsschemata wurden uns vorgestellt, unzählige Leitlinien durchgearbeitet und mehrmals täglich piepsten uns unsere Fach- und Oberärzte an, „um den Patienten ein weiteres (drittes, viertes, manchmal zehntes) Mal zu besprechen". Dazu täglich ein bis zwei Stunden vorlesungsartige Weiterbildungskurse und medizinische Diskussionsrunden, zweimal im Monat stattfindende Reanimationssimulationen, EKG-Seminare und so weiter.

Ich kam durch diese für mich sehr glückliche Anfangsausbildungzeit bestens durch, lernte sehr viel und die Zügel wurden allmählich gelockert. Dann kam, beginnend im zweiten Assistentenjahr, ein deutliches Stimmungstief, eines durch das die meisten meiner Kollegen hindurchgingen; das Tief, das aus dem Gefühl erwächst, nur noch zu arbeiten, des Nur-im-Krankenhausseins. Denn die US-Ausbildung verlangt gefühlte Dauerpräsenz, oft bis zu 80 Wochenstunden monatelang am Stück. All diese multimorbiden Menschen, dieses ständige Angepiepstwerden, das einen stets begleitende leichte Müdigkeitsgefühl – es war wie in Samuel Shems Buch „House of God". Selbst bei persönlichen Anlässen konnte ich mir nicht mehr als fünf Tage am Stück freinehmen, weil ich weder meinen Kollegen meine Stationsarbeit zumuten wollte, noch ausreichend Urlaub hatte. Die Erinnerung wie ein an Blinddarmentzündung erkrankter Mitkollege bis zu seinem hierdurch bedingten Kollaps arbeitete, um dann wenige Tage nach seiner Operation wieder mitzuarbeiten, läßt mich heutzutage schmunzeln, aber war für ihn Anlaß einer monatelangen Depressionskrise. Die Vorträge und Ausbildung, die ich mir so gewünscht hatte, wurden anstrengend: Schon wieder Lemierre-Syndrom? Erneut eine Diskussion zur Therapie des septischen Schocks? Eine neue Reanimationsleitlinie, die wir erneut und zum x-ten Mal üben sollen?

Doch das alles liegt mittlerweile hinter mir und so wurde ich im Jahr 2012 US-Facharzt. Das Schöne: Ich fühlte mich bestens vorbereitet als Internist und fühle mich kompetent in meinem Fachwissen. Alles Wichtige wurde mir gezeigt und gelehrt. Natürlich weiß ich, daß es noch viel mehr zu lernen gibt und das eine lebenslange Sache ist. Aber meine Oberärzte und Chefarzt haben ihr Versprechen gehalten: Ich habe sehr viel gelernt, und es macht mir sehr viel Spaß als Internist zu arbeiten. Es hat sich also gelohnt als Ausbildungsasylant in die USA zu gehen.

Demotivierte Arbeitskräfte an deutschen Krankenhäusern

Die Motivationslage ist hingegen keine sehr gute in Deutschlands Krankenhäusern und unter dem dort arbeitenden Personal: Als ich auf Heimatbesuch in einer Universitätsstadt in Deutschland Ende 2012 war, besuchte ich Freunde, die beide noch am Universitätskrankenhaus arbeiten. Einer arbeitet in der Inneren Medizin als Krankenpfleger und seine Ehefrau ist eine internistische Assistenzärztin und war damals in ihrem dritten Ausbildungsjahr. Sie lernten sich vor Jahren auf einer gemeinsamen Station kennen – ironischerweise als sie einen Fehler machte und er es ihr nahelegte. „Nicht Liebe auf den ersten Blick, sondern auf den ersten Fehler", so scherzen die beiden.

Irgendwann kam das Gespräch während meines Besuches naturgemäß auf das Thema Krankenhausarbeit: Wie sei der Stationsalltag und Krankenhausatmosphäre in den USA? Wie gefalle es mir? Ganz meiner Laune entsprechend erzählte ich von der vielen Arbeit, aber auch der Euphorie und der Freude als Internist in den USA zu arbeiten. Ich berichtete von den sehr guten Arbeitsbedingungen und hervorragenden Lernkultur. Als meine Freunde dann an der Reihe waren zu berichten, erschrak ich: Man erzählte mir von personell – sowohl pflegerisch als auch ärztlich – unterbesetzten Stationen, von hohem Patientendurchsatz und Patientenzahlen, barsch auftretenden Kollegen und Oberärzten, den sehr vielen Arztbriefen die es zu verfassen gelte und enormer Bürokratie, von demotivierten Ärzten und Krankenschwestern, dünn besetztem Dienstsystem, hohem Kostendruck und nur geringer bis keiner Weiter- und Fortbildung.

Während sie mir hierüber erzählten klang ein sarkastischer Unterton durch; man merkte ihnen eine Frustration angesichts dieser Zustände an. Aus persönlicher Erfahrung wußte ich, daß das deutsche Krankenhaussystem tatsächlich suboptimal ist. Doch ist es wirklich so schlecht? Ist die Realität derart düster in deutschen Krankenhäusern? Das Gespräch hinterließ ein ungutes Gefühl bei mir wie es sich seither fast immer wiederholt, wenn ich mit in Deutschland tätigen Ärzten spreche.

Armer deutscher Praxisarzt

Als ich Ende 2012 zu Besuch in Berlin war, kam ich in einem Mehrfamilienhaus an einer Arztpraxis vorbei. Ich blieb stehen und betrachtete das teilzerstörte und ärmlich wirkende Arztschild, betrachtete die teils verblichenen Schriftzeichen, die heruntergekommene Tür und die davon zum Teil schon abbröckelnde Farbe. Ich musterte den Flur nun genauer und stellte fest, daß der Flurboden schon sehr abgetreten wirkte und daß es zur frühen Nachmittagszeit im Flur unangenehm roch.

Etwas erschrocken trat ich zurück als ich die Tür aufgehen sah und ein älterer Mann mit einem Rezept herauskam. „Es ist ja eine aktive Praxis!", schoß es mir durch den Kopf, denn innerlich hatte ich auf eine geschlossene Arztpraxis angesichts des äußeren Erscheinens getippt. Durch den Türspalt sah ich im Hintergrund wohl an die zehn Patienten in einem etwas heruntergekommenen Wartesaal mit Raufasertapete sitzen und bemerkte einen abgewetzt wirkenden Teppich. Dann ging die Tür mit lautem Quietschen hinter dem Patienten zu, und ich sah wieder das alt wirkende Praxisschild. Mit Erschrecken stellte ich fest, daß es einem Facharzt für Innere Medizin gehörte, also ein deutscher Fachkollege von mir. Ich machte schnell einige Bilder vom

Schild, Flur und von der Tür und ging eilig davon, irgendwie ein ungutes Gefühl angesichts der Situation.

In den USA zeigte ich die Bilder einem internistischen Kollegen – so arm ist man als Internist, wenn man eine anscheinend gut besuchte Praxis in einer gehobenen Berliner Gegend besitzt, sagte ich zu ihm. Wir konnten nur den Kopf darüber schütteln. Wieso läßt ein deutscher Kollege so mit sich seitens der Krankenversicherungen und des Staates umspringen, daß er anscheinend nicht ausreichend Geld für eine ansehnliche Ausstattung erhält? Wieso lassen deutsche Kollegen das mit sich machen? Das versteht man aus US-Sicht nicht.

Hygiene in deutschen Krankenhäusern

Es wird in deutschen Krankenhäusern gespart, ob sie nun privatisiert worden oder noch in staatlicher Hand sind. Das betrifft dann unter anderem die Personaldecke bei ärztlichen und pflegerischen Berufen, aber auch Putzkräfte und Verwaltungsangestellte sind von solchen Sparmaßnahmen betroffen. Dabei erfüllt dieses Personal wichtige, vielfältige Funktionen, gerade auch im Hygienebereich, und als zum Beispiel Anfang 2015 in einem norddeutschen Krankenhaus mehrere Personen an hochresistenten Keimen erkrankten und zum Teil auch verstarben, machten deutsche Medien dafür unter anderem suboptimale Hygienestandards und Spardruck verantwortlich. Leider scheinen die deutschen Hygienestandards tatsächlich nicht immer so hoch und der Druck zur Verbesserung der Hygiene nicht so stark wie man es von den USA her kennt.

Seit einigen Jahren gibt es beispielsweise eine Reihe amerikanischer Kampagnen, bei denen man die Zahl der im Krankenhaus erworbenen Infektionen reduzieren möchte. Man stelle sich das einmal vor: Man kommt ins Krankenhaus um gesund zu werden, steckt sich aber als Folge der Therapien und Maßnahmen dort mit besonders resistenten Keimen an und erkrankt beziehungsweise verstirbt gar hieran. Das passiert häufiger als viele denken, denn es gibt Statistiken, wonach im Jahr 2002 beispielsweise knapp 100.000 Menschen in den USA an solchen Krankheiten gestorben sind und knapp 5 % aller hospitalisierten Patienten eine solche Infektion sich zuzogen.

Zu den häufigsten solcher Infektionen zählen die vom Krankenhauspersonal durch suboptimale Eigen- und vor allem Handhygiene verbreiteten, das heißt, der Arzt, der Physiotherapeut oder die Krankenschwester tragen diese Keime auf ihren Händen und geben diese beim Patientenkontakt weiter weil sie vor oder nach dem Betreten eines Patientenzimmer sich nicht die Hände sachgerecht desinfiziert haben. Außerdem zählen hierzu diejenigen Infektionen, die durch Plastikschläuche, die in den Patienten hineingehen, verursacht werden. Hierzu zählen zum Beispiel Harnwegsdauerkatheter, die den Harn mittels eines Plastikschlauches aus der Blase drainieren und dabei durch den Penis oder die Vagina verlaufen und sogenannte zentrale Venenkatheter, also Plastikkanülen die Medikamente in eine große Vene des Menschen transportieren. Bakterien können auf einfache Art und Weise entlang dieser Schläuche in den Körper gebracht werden und dort eine Infektion hervorrufen.

Gegen zu langes Verweilen dieser Plastikschläuche wird in den USA systematisch vorgegangen: Täglich werde ich als Arzt während der Visite vom Krankenpflegepersonal und EDV-

Programm bei jedem einzelnen Patienten gefragt, ob noch der Harnwegsdauer- oder der zentrale Venenkatheter gebraucht werde oder ob man sie entfernen könne. In manchen Krankenhäusern geht man sogar so weit diese Plastikschläuche automatisch in bestimmten Situationen zu entfernen um die Hygiene zu verbessern. Durch diese einfachen Maßnahmen konnten in einem Krankenhausverband tatsächlich die hierdurch verursachten Infektionen von z. B. 0,7 % auf 0,1 % reduziert werden.

Was beobachtete ich in jüngerer Vergangenheit in deutschen Krankenhäusern? Da werden diese Katheter einige Tage länger, zum Teil eine Woche, belassen als es nötig ist, einfach aus Bequemlichkeit weil man zum Beispiel der verwirrten alten Patientin nicht die Windeln mehrmals am Tag aufgrund ihrer Inkontinenz wechseln, sondern lieber den Harn nur einmal täglich aus einem Plastikbeutel leeren möchte. In manchen Fällen habe ich weiterhin in deutschen Krankenhäusern beobachtet, daß ein zentraler Venenkatheter länger als nötig belassen wurde, weil zum Beispiel keine Zeit zur Verfügung stand, ihn durch einen kleineren, aber sichereren peripheren Venenzugang zu ersetzen. Das sind zwar menschlich nachvollziehbare Motive, aber kein Grund Hygienestandards zu senken und Menschenleben zu gefährden. Ich vermute, daß Personalmangel und Spardruck hier eine Rolle spielen.

Weiterhin werden in den USA seit Jahren das Pflegepersonal und die Ärzte beim Betreten der Patientenzimmer beobachtet, um zu kontrollieren daß sie tatsächlich ihre Hände sowohl vor als auch nach dem Betreten eines Patientenzimmers desinfizieren. Es werden sogar versteckte Beobachter dafür auf Station eingesetzt, die genau diesen Vorgang beobachten und statistisch für die Verwaltung festhalten; natürlich wird sich nicht die Hände desinfizierendes Personal auf ihre Nachlässigkeit und damit die Gefahren für den Patienten angesprochen. Flankiert werden solche Maßnahmen von regelmäßigen Nachrichten und Rundschreiben in denen Ärzten und Pflegekräften mitgeteilt wird, wie hoch der Desinfektionsgrad auf einer bestimmten Station sei und was man tun könne um ihn noch weiter zu verbessern.

Solche Programme habe ich in Deutschland noch nicht gesehen. Man desinfiziert sich zwar die Hände von Zeit zu Zeit, scheint aber viel mehr auf Eigenmotivation des Personals sich zu verlassen als diese auch noch mittels externer Kontrolle zu verifizieren. Das mag zwar in manchen Fällen funktionieren, aber Studien belegen daß damit keine sehr hohen Desinfektionsraten erzielt werden können und hierdurch multiresistente Keime viel leichter verbreitet werden. Das könnte ebenfalls durch Spardruck und Personalmangel mitbedingt sein.

Wenn dann noch Putzdienste an externe Dienstleister vergeben werden und diese aus Zeitgründen nicht zwischen jedem Zimmer ihr Putzwasser wechseln, wie mir schon berichtet worden ist, wenn Putzdienstleister nicht mehr jede Ecke sauber putzen und desinfizieren aus Zeitdruck heraus, wenn sie geringere Spülmittelmengen nutzen, um Sparvorgaben zu erfüllen, dann erhöhen sich die Keimzahlen in Krankenhäusern. So kann es schnell passieren, daß man im Krankenhaus erhöhten Risiken an multiresistenten Keimen ausgesetzt ist und dann Todesfälle sich ereignen, bei Erwachsenen aber auch bei kleinen Kindern. Das hört man von Zeit zu Zeit in deutschen Medien und schlechte Hygienestandards könnten da durchaus eine Rolle spielen.

Kapitel 2: Das amerikanische Gesundheitssystem aus den Augen eines deutschen Arztes

Einleitung

Das US-Gesundheitswesen ähnelt zwar in der Großschau dem deutschen: Es gibt Ärzte in weißen Kitteln die eine Visite (meistens) morgens durchführen, es gibt kranke Menschen, die von Krankenpfleger gepflegt werden und man besitzt ein reichhaltiges Arsenal an Therapiemöglichkeiten um die Genesung der Patienten zu ermöglichen, um einige Aspekte aufzuzählen. Doch in vielen Dingen, vor allem die Kleinschau beziehungsweise Details betreffend, ist das amerikanische Gesundheitssystem dann doch wiederum anders als das deutsche, weil z. B. ein breiter gefächertes und ein deutliches Mehr an Personal in US-Krankenhäusern anzutreffen ist und eine höhere Technologiedichte vorherrscht, aber auch der medizinische Alltag scheint schneller und effizienter abzulaufen. So werden Patienten regelrecht von Test zu Test geschleust, Röntgen- und CT-Maschinen laufen rund um die Uhr, Krankenschwestern sind nachts in großer Zahl auf Station und selbst der Arzt ist dauerhaft und leicht erreichbar. Die untenstehenden Texte sollen einige Eindrücke des US-Gesundheitssystemes wiedergeben.

Die USA – einige Kennzahlen

Die USA sind ungeschlagen die Nummer Eins hinsichtlich der Gesundheitsausgaben, d. h. 16 % des Bruttoinlandproduktes wurden im Jahr 2008 alleine für das Gesundheitswesen ausgegeben, Tendenz steigend und mittlerweile jenseits der 17 %. Zum Vergleich: Deutschland befand sich im Jahr 2008 mit 10,5 % im Mittelfeld und Norwegen war das „günstigste" westliche Land mit „nur" 8,5 % Ausgaben seines Bruttoinlandproduktes (BIP) für sein Gesundheitswesen.

Man sagt dem US-Staat oft nach, daß er wenig bis kein Geld für die Gesundheit seiner Bürger aufwende. Das entspricht nicht der Realität, denn der US-Staat gibt für die Gesundheit seiner Bürger mehr Geld als fast jedes andere Land aus: 3.507 US-Dollar waren es pro Einwohner im Jahr 2008 (wobei erwähnt werden muß, daß ein US-Bürger durchschnittlich nochmals etwa den gleichen Betrag privat bezahlen muß). Da war der deutsche Staat mit 2.869 US-Dollar an Gesundheitsausgaben pro Einwohner im Jahr 2008 weniger großzügig.

Man findet in den USA auch sehr gute Mortalitätsquoten bei diversen Krebsleiden wie z. B. dem sehr häufigen Brustkrebs, dafür hinkt man bei anderen chronischen Krankheiten hinterher. Auch die höchste MRT-Dichte, die meisten CT-Untersuchungen und die zweitmeisten CTs finden sich weltweit in den USA. Auch die Zahl der Tabak konsumierenden Menschen ist nicht so hoch wie in anderen westlichen Ländern und weiterhin rückläufig, zum Teil wegen der starken öffentlichen Antitabakkampagnen seitens der US-Regierung.

Dafür ist die Arztdichte international gesehen niedrig, die Sterblichkeitsquote der Mütter bei der Geburt ihres Kindes erschreckend hoch und die Fettleibigkeit ein zentrales Problem in den USA, einem Land in dem mehr als jeder Dritte übergewichtig ist und damit unter den westlichen Ländern eines der höchsten Werte erreicht. Auch die Lebenserwartung mit 77,4 (Männern) bzw. 82,2 (Frauen) ist deutlich niedriger als die in Deutschland (78,5 Jahre bei Männern, 83,5 Jahren bei Frauen). Es herrschen eben auch in den USA sowohl Licht und Schatten vor, und auch wenn viele Gesundheitswissenschaftler dem amerikanischen Gesundheitssystem ein Scheitern oft attestieren, so ist es viel eher so, daß es Defizite gibt aber auch Stärken.

Das Gesundheitswesen der USA

Es bestehen viele Mißverständnisse wenn man mit Amerikanern, aber auch Nichtamerikanern, über das US-Gesundheitssystem spricht. Dabei ist es ein sehr leistungsfähiges und steht jedem in einer Notfallsituation zur Verfügung. Wenn es Einschränkungen bei der Krankenversorgung gibt, dann vor allem für bestimmte Gruppen der Bevölkerung in Nichtnotfallsituationen, doch dazu weiter unten.

Zunächst gibt es in den USA die sogenannte Versicherungsfreiheit: Man muß sich nicht krankenversichern lassen und wenn man es doch tut, so kann man seine Versicherungspolice und -gesellschaft selber aussuchen. Wer sich aber nicht krankenversichert, der muß seit der Gesundheitsreform von Präsident Obama im Jahr 2010 eine staatliche Strafsteuer in Höhe von 2 % des Einkommens zahlen (Stand 2015, eine Erhöhung ist geplant), was dazu geführt hat daß viele ehemals unversicherte Menschen, die meistens gesund und jung sind und sich den Versicherungsbetrag sparen wollten, mittlerweile versichert sind.

Im Jahr 2014 waren knapp 87 % aller US-Amerikaner krankenversichert, Tendenz klar steigend, und viele vermuten, daß innerhalb der nächsten Jahre die 90 %-Marke übersprungen wird. Es gibt regionale Unterschiede wobei zum Beispiel in den

Bundesstaaten Minnesota und Massachusetts schon jetzt mehr als 95 %, in Mississippi und Texas hingegen gerade nur 80 % der Bürger krankenversichert sind. Das hat vielfältige Ursachen, sowohl politische, sozioökonomische sowie demographische.

Diejenigen, die nun eine Krankenversicherung haben, haben diese zumeist unter einer Vielzahl an privaten Anbietern und Policen herausgesucht, meistens werden sie ganz oder zumindest zum Teil vom Arbeitgeber bezahlt. Bestimmte Bevölkerungsgruppen wie Senioren (älter als 65 Jahre), arme Familien, Kinder, Behinderte, Menschen mit besonders schwerwiegenden chronischen Erkrankungen, Flüchtlinge, Asylanten, Soldaten und ehemalige Soldaten haben eine staatlich bezahlte Krankenversicherung – statistisch gesehen ist damit etwa jeder dritte Amerikaner staatlich krankenversichert. Die einzelnen Programme haben unterschiedliche Namen und Leistungen wie Medicare, Medicaid und das V. A.-System; es wird an späterer Stelle hierauf eingegangen.

Die zwei Hauptgruppen, die oft keine Krankenversicherung haben, sind auf der einen Seite arme kinderlose Erwachsene (Erwachsene mit minderjährigen Kindern haben Anspruch auf Medicaid und andere staatlich bezuschußte Krankenversicherungen) die keine schwerwiegenden Behinderungen oder Erkrankungen haben, und auf der anderen Seite illegale Einwanderer. Letztere Gruppe ist übrigens in vielen europäischen Ländern ebenfalls unversichert, auch in Deutschland.

Wenn ein versicherter Patient in den USA in einem Krankenhaus oder einer Praxis behandelt wird, dann ist der logistische Ablauf ähnlich dem deutschen System: Der Patient gibt seine Versicherungskarte ab, bezahlt zunächst nichts und wird behandelt; im Gegensatz zum Patienten im deutschen gesetzlichen Krankenversicherungssystem erhält der amerikanische Patient einige Wochen später eine Rechnung mit detaillierter Auflistung der Einzelleistungen von seiner Versicherung. Ein Großteil des Rechnungsbetrages ist von seiner Krankenversicherung dann oft schon bezahlt, und der vom Patienten zu bezahlende Restbetrag hängt von der Versicherung und der Gesundheitsleistung ab. Er liegt oft bei Werten zwischen fünf und fünfzig US-Dollar, kann aber bei besonders hohen Rechnungen und langen Krankenhausbehandlungen gelegentlich im drei- oder vierstelligen Bereich liegen.

Wenn nun ein unversicherter Patient behandelt werden möchte, dann unterscheidet man, ob es sich um einen Notfall handelt oder nicht. Wird ein Krankenhaus aufgesucht, dann geht dieses im Regelfall immer von einer Notfallsituation aus und behandelt den Patienten unabhängig von seinem Versicherungsstatus. Dafür gibt es seit 1986 das EMTALA-Gesetz (Emergency Medical Treatment and Active Labor Act), das die Krankenhäuser und ähnliche Einrichtungen zu einer Behandlung im Rahmen eines Notfalles oder einer Schwangerschaft verpflichtet. Im Anschluß an die Genesung und Behandlung erhält der Patient die Rechnung, und, falls er nicht bezahlt, versucht das Krankenhaus das Geld einzutreiben. Da das meistens aber nicht der Fall ist, gibt der US-Staat einem Krankenhaus jährliche Ausgleichszahlungen, die einen Teil dieser Kosten die durch unversicherte Patienten entstehen, abdecken.

In ambulanten Situationen wie z. B. bei einer Arztpraxis, Physiotherapie oder einem Zahnarzt wird ein Patient je nach Ermessen des Praxisinhabers behandelt. Manche Praxen, vor allem Zahnartpraxen, behandeln prinzipiell keine unversicherten Patienten, außer sie leisten Vorkasse, andere hingegen behandeln auch unversicherte Patienten und schicken ihnen einfach Rechnungen, im Wissen, daß sie nicht immer beglichen werden.

Hier herrscht Heterogenität und tatsächlich werden arme Menschen meist unter- oder gar nicht behandelt im ambulanten Bereich. Daß aber unversicherte oder arme Menschen grundsätzlich keine medizinische Behandlung in den USA erhalten ist falsch.

Grand Round – die große und manchmal großartige Visite

Die „Grand Round“ muß man einmal erlebt haben, sie ist eine bekannte Veranstaltung an der schon Generationen an Krankenhausärzten Woche um Woche teilgenommen haben und noch immer teilnehmen. Sie wird dabei in größeren Krankenhäusern angeboten und wird meistens von den Internisten abgehalten, aber auch Allgemeinchirurgen, Anästhesisten, Neurologen und viele andere Fachärzte halten in großen Krankenhäusern diese „grand round“. Sie ist eine virtuelle Visite, weil kein Patient reell visitiert und vorgestellt wird, sondern ein Patientenfall mit anschließender Diskussion einem großen Arztpublikum präsentiert wird.

Aber sie ist mehr als nur eine virtuelle Visite, sie soll etwas Großartiges sein, eine Mischung aus Fortbildung, Unterhaltung und fachärztliches Sich-zur-Schaustellen. Abgeleitet wird der Begriff übrigens von „rounds“, also dem englischen Wort für die medizinische Visite und „grand“, jenem situationsbedingt-schwammigen Begriff, der meistens „groß“, gelegentlich aber auch „großartig“ bedeuten kann.

Die „große Visite“ findet wie schon erwähnt in vielen Krankenhäusern, vor allem den großen Lehrkrankenhäusern, einmal die Woche statt. Alleine schon aus personeller Sicht ist sie groß, weil viele Krankenhausärzte, meistens auch Fachkollegen von den diversen Arztpraxen dazukommen – so kann sie oft eine Größe von mehr als 100 Zuhörern besitzen. Zwar ist jeder willkommen, aber im Regelfall ist sie doch vor allem von einem ärztlichen Publikum besucht.

Wie läuft denn so eine Große Visite ab? Einmal die Woche, morgens, meist so ab 7 bis 7:30 Uhr beginnend, treffen sich die Ärzte in einem großen Hörsaal, grüppchenweise kommen sie herein. Es gibt für die Anwesenheit einen Fortbildungspunkt, neben Kaffee und kleinem Frühstück, aber der eigentliche Anreiz ist der Vortrag und was hoffentlich eine unterhaltsame Angelegenheit wird. Es übernimmt der Chefarzt die Regie oder ein vorsichtig von ihm ausgesuchter Stellvertreter, denn das Ziel ist die medizinische Fortbildung der Kollegen, aber auch für ihre Unterhaltung soll gesorgt sein, im Idealfall Spannung aufgebaut und sogar eine richtige Show vorgeführt werden. Meistens wird daher auch ein charismatischer ärztlicher Moderator ausgewählt, der das Publikum nicht nur wachhalten, sondern auch begeistern soll mitzudenken; denn er muß sie durch den präsentierten Patientenfall führen, den er übrigens oft schon mehrere Male im Vorfeld einstudiert hat.

Die Visite beginnt oft sehr banal: „Heute handelt es sich um eine 49-jährige Patientin, die an allgemeiner Schwäche leidet. Sie besteht seit zwei Monaten und wegen dieser wurde sie in einer Arztpraxis vorstellig“. Die Eingangsuntersuchung wird präsentiert, es folgen Laborwerte und gegebenenfalls einige bildgebende Untersuchungen und dann wendet sich der Vortragende an das Publikum, meistens einige der anwesenden Fachärzte heraussuchend um mit ihm das Thema und die Vorgehensweise zu diskutieren. Idealerweise baut sich Spannung auf, und besonders eloquente Fachärzte werden besonders oft aufgerufen. In den folgenden 20 bis 30 Minuten soll idealerweise ein Klimax entstehen, der dann manchmal glücklich, oft jedoch, der Dramatik wegen, mit einem nicht sehr guten Ende endet.

Ein kurzes Stöhnen aufgrund des negativen Ausganges folgt, dann kurzes bedrücktes Schweigen, ehe der Vortragende einen Kollegen aufruft, meistens ein an der Behandlung beteiligter Arzt. Dieser beginnt dann mit einigen einleitenden Worten seinen Vortrag, ehe er zum Fachvortrag übergeht, bei dem ein aus seiner Sicht und für den Patientenfall relevantes Thema erörtert wird. Seltene Erkrankungen oder wenig erwähnte Themen werden gerne angesprochen und auch wenn der Unterhaltungswert hier nicht so wichtig wie der Inhalt ist, merkt man daß das „Große-Visite-Publikum“ ein wenig lachen, ein wenig mitfiebern möchte. Es versteht sich natürlich von selbst, daß der Vortrag gut recherchiert ist, oft Wochen oder Monate vorbereitet wurde, um dem Publikum neueste Erkenntnisse bieten zu können.

An der Intensität der anschließenden Diskussion und der Dauer des Beifalls wird dann ermessen, ob man eine große oder eben eine großartige Visite, einen „Grand Round“, gehalten hat.

Als Assistenzarzt habe ich einen solchen Vortrag ebenfalls halten müssen. Dafür hatte ich meinen besten Anzug herausgesucht und feilte zwei Monate an meiner Präsentation herum. Im Vorfeld hatte ich die wichtigsten Fachärzte eingeladen, vor allem nach charismatischen Ausschau haltend, um zu gewährleisten, daß die richtigen Ansprechpartner im Publikum saßen und ein Showeffekt bestand. Ich hatte einen Patientenfall mit dramatischem Ende ausgewählt, die relevanten Ergebnisse und den Patientenfall derart im Detail studiert, daß ich selbst heute, noch Jahre danach, den Fall präsentieren könnte. In der Rückschau erinnere ich mich noch an die gelegentlichen Lacher, das Stöhnen als der Patientenfall unglücklich endete und den Applaus. Ich hoffe, daß ich nicht der einzige bin, der diese Visite noch in Erinnerung hat, sondern manche ihn sich als „groß“ oder gar „großartig“ in Erinnerung behalten haben.

Das elektronische Krankenhaus

Eine große Umstellung für die diversen medizinischen Systeme der Welt war und ist das Umstellen auf elektronische Patientenakten. Logistisch erfordert das neben neuen Verkabelungen, Rechnern, Bildschirmen und Tastaturen viel Platz für die Rechnereinheiten, eine Vielzahl an Programmen mit entsprechenden Lizenzen, eine eigene, große Informatikabteilung und natürlich Schulungen (fast) aller der in der Institution angestellten Personen.

In den USA ist mehr oder minder zwingend seit 2015 vorgegeben, daß jede Praxis und jedes Krankenhaus eine elektronische Patientenakte besitzen muß. Alles ist elektronisch spätestens seit dem 1.1.2015, sonst drohen Strafzahlungen bzw. verminderte staatliche Krankenversicherungsleistungen. Die Umstellung erfolgte bei vielen Krankenhäusern meist schon viel früher, eine große Welle ereignete sich um 2005 und 2006 herum. Aus eigener Erfahrung an einem großen Lehrkrankenhaus weiß ich, daß dieses einen enormen Aufwand bedeutete, einen zweistelligen Millionenbetrag an Investitionskosten erforderte, und es seither ein umfangreiches EDV-Netz mit mehr als 2.000 Rechnern gibt, was ein Patient-zu-Rechner-Verhältnis jenseits von 1:3

darstellt. Man stelle sich diese Unmenge an Bildschirmen, Rechnern usw. vor und dieses auf alle ca. 5700 US-Krankenhäuser hochgerechnet! Wer durch die Gänge eines solchen „elektronischen" Krankenhauses wandert, sieht auch allenthalben Rechnerkästen, kleine Arbeitsnischen mit Bildschirmen, mobile Laptops auf der Intensivstation und in der Notaufnahme und ein bis zwei Rechner je Patientenzimmer. Ein stets Tippen und Klicken erfüllt die Gänge.

Es wird, sieht man von den direkten Patientenkontakten ab, fast ausschließlich elektronisch gearbeitet: Die Patientenbriefe werden entweder getippt oder diktiert, die Pflegedokumentation wird am Bildschirm gemacht, die Vitalparameter wie zum Beispiel Blutdruck, Herzfrequenz oder Temperatur sind elektronisch eingespeist, die externen Dokumente sind allesamt als PDF-Dokument eingelesen, die Arztbriefe von den meisten Arztpraxen via Mausklick verfügbar, die Medikamentenlisten erscheinen mit „Anordnen"- und „Absetzen"-Knopf aufgelistet usw. Wenn ein Medikament nach Patientenentlassung verordnet wird, dann wird das elektronisch via Internet an die jeweilige Apotheke verschickt.

Die Software ermöglicht umfangreiche medizinische Hilfskontrollen: Wenn beispielsweise ein Medikament einer bestimmten Medikamentengruppe angeordnet wird, welches als Allergie beim Patienten eingegeben wurde, erhält der Nutzer eine Warnnachricht auf die er zu reagieren hat. Mittels einfachem Klick kann man die Interaktionen all der angeordneten Medikamente vom EDV-Programm überprüfen lassen und wenn es eine schwere Interaktion gibt, wird dieses automatisch kenntlich gemacht (z. B. Quetiapin und Amiodaron-Interaktion – „Achtung: QT-Verlängerung"). Ein Apothekerprogramm überprüft

Dosierungen im Rahmen der Nieren- und Leberfunktion und bei grobem Unfug wird der Apotheker eingeschaltet und der Arzt benachrichtigt, bzw. die Medikamentenverordnung erst einmal nicht getätigt bis der Apotheker grünes Licht gegeben hat.

Es gibt natürlich auch keine Röntgenfilme mehr, und die Röntgenlampen hängen ungenutzt an der Wand, wenn sie noch nicht entfernt worden sind, da alles auf dem Bildschirm problemlos aufgerufen werden kann. Man gibt Konsilanfragen nur noch elektronisch ein, ärztliche Anweisungen werden entweder geklickt oder eingetippt, die Laborergebnisse werden elektronisch im Millisekundentakt aktualisiert und selbst die Laborergebnisse werden dem Patienten, wenn er es will, elektronisch zugesandt. Statt Piepser tragen die allermeisten Ärzte – auch ich – ein Smartphone und manche der Dienste können von daheim aus gemacht werden, da die Patientenakte leicht via Heimrechner zu erreichen ist.

Der größte Haken an dieser Sache: Wenn einmal das EDV-System nicht funktioniert, was mehrmals im Jahr passiert, herrscht Verwirrung, fast schon Chaos. Wie ordnet man nochmals ärztliche Anweisungen auf Papier und mit Stift an, wo findet man die Patientenakten? Hat man überhaupt einen Stift dabei? Doch man vermindert die Wahrscheinlichkeit, daß sich so etwas passiert durch eine gute EDV-Abteilung, die in solchen Störungsfällen plötzlich wie aus dem Nichts auftaucht, Rechner überprüft, bestimmte Programme ändert und das Chaos zügig wieder in Ordnung verwandelt. Dann hört man im Krankenhaus wieder die Klicks und das Tippen und weiß, daß alles wieder gut ist im vollelektronisierten US-Gesundheitssystem.

Das ärztliche Arbeiten in den USA

Der Arzt übte traditionell gesehen in den USA eine Dualrolle aus: Er arbeitete sowohl ambulant als auch stationär. Das ändert sich zwar seit knapp 20 Jahren in den USA, aber in vielen Arztpraxen und Teilen Amerikas ist es noch so, daß der Hausarzt gleichzeitig der Krankenhausarzt ist. Der Vorteil ist naheliegend: Er weiß alles über „seinen“ Patienten und muß nicht groß andere Kollegen um die Vorgeschichte des Patienten bitten.

Auf diese Rolle wurde ich auch in meiner Ausbildung zum internistischen Facharzt vorbereitet: Ich betreute in jenen Ausbildungsjahren einen Patientenstamm von geschätzten 200 Patienten regelmäßig ambulant. Neben Routineuntersuchungen sah ich diese Patienten auch für akute medizinische Fragestellungen in meiner Praxis: Zum Beispiel wegen eines Schnupfens, hohem Fieber oder Bauchschmerzen. Wenn ich der Meinung war, daß der Patient ins Krankenhaus aufgenommen werden mußte und der Patient dem zustimmte, dann rief ich die Krankenhausverwaltung an, bestellte ein Bett und schrieb die Aufnahmeanweisungen für den Patienten. Von da an würde ich den Patienten jeden Tag im Krankenhaus visitieren, also neben meinem Praxisalltag eben mir Zeit nehmen müssen um ihn im Krankenhaus zu behandeln.

Ich bin der ihn im Krankenhaus behandelnde Arzt, so die zugrundeliegende Einstellung, weil ich ihn als Hausarzt am besten kenne, und er vertraut und so obliegt es mir ihn aufzunehmen, Diagnostik und Therapie anzuordnen und den Patienten während seines stationären Aufenthaltes zu betreuen. Im Gegensatz zu Deutschland ist ein Arzt traditionell somit vom Selbstverständnis her sowohl stationär als auch ambulant tätig und somit dem deutschen Belegarztmodell ähnlich. So funktioniert die klassische Arztrolle in den USA: Rund um die Uhr steht man für „seine“ Patienten zur Verfügung, frühmorgens stationäre Visite, dann Praxisalltag, abends im Anschluß dann erneut stationäre Nachvisite und ggf. Betreuung von während des Tages getätigten Patientenaufnahmen. Nachts ist man jederzeit erreichbar und kann für Fragen angerufen werden.

Dieses Modell ist noch immer ein weitverbreitetes, vor allem im ländlichen Bereich, aber es bröckelt seit Jahrzehnten. Denn Ärzte haben sich oft in größere Verbünde zusammengeschlossen um dann innerhalb dieser Gruppe einen Arzt ausschließlich für die stationäre Arbeit zu delegieren, um nicht die Zusatzbelastung Krankenhaus übernehmen zu müssen und sich auf ihre ambulante Arbeit konzentrieren zu können. Alternativerweise wurden zunehmend Ärzte eingestellt, die ausschließlich für die Krankenhausarbeit zuständig sind – das war der Anfang der Hospitalisten, die es mittlerweile nicht nur bei den Internisten gibt, sondern auch zunehmend in anderen Fachrichtungen wie der Allgemeinchirurgie, Neurologie oder Pädiatrie, also Ärzte die sich alleine auf die Behandlung von stationären Patienten, also Krankenhauspatienten, konzentrieren.

Aktuell existieren noch beide Modelle, wobei die Aufteilung in stationär und ambulant (Hospitalist versus Praxisarzt) vor allem in Metropolen immer beliebter wird. Es ist aber absehbar, daß es eines Tages zu einer vollständigen Aufteilung kommen könnte bei der ein Arzt entweder ausschließlich ambulant oder stationär tätig ist. Das funktioniert auch in Deutschland, wäre also nicht das Ende der Welt, wenngleich es die Arztrolle in den USA deutlich verändern würde.

Die Schulden eines Arztes

Wer sich einmal mit einem US-Medizinstudenten, der am Ende seines Studiums ist, unterhalten hat, der weiß wie viel Druck dieser auszuhalten hat. Nicht nur der moralische Druck, den man als Arzt täglich spürt, sondern bei ihm schwingt auch noch ein deutlicher finanzieller Druck mit.

So ist der durchschnittliche Medizinstudent im Regelfall um die 26 Jahre alt, wenn er sein Studium abgeschlossen hat. Er gehört meistens zu den fleißigeren und intelligenteren seiner Generation, hat sich ehrenamtlich engagiert und mindestens einen anderen Studienabschluß schon in der Tasche. Da der Weg zum Arztberuf jedoch ein sehr langer ist, ist er in den USA auch mit hohen Kosten verbunden. Durchschnittlich knapp 170.000 US-Dollar beträgt die Schuldenlast, die ein Amerikaner nach einem Medizinstudium abzutragen hat, was angesichts eines Assistenzarztjahresgehaltes von knapp 50.000 US-Dollar schwierig ist (als Facharzt steigt das Gehalt jedoch oft um mehr als das Dreifache). Viele meiner Kollegen hatten ähnlich hohe Schulden nach ihrem Studiumsende und tilgen diese oft noch Jahrzehnte nach ihrem Studienabschluß.

Was für ein Druck muß das für ein Medizinstudent und Jungarzt doch sein. Die Freiwilligkeit am Ende des Studiums eben doch nicht als Arzt zu arbeiten ist angesichts solcher Schuldenberge nicht gegeben; manche meiner deutschen Studienkollegen machten im Anschluß an ihr Studium eine Weltreise, solches kann sich ein durchschnittlicher US-Amerikaner nicht leisten und ist auch weitestgehend unbekannt. Auch Teilzeit oder ärztliche Entwicklungshilfe, wenngleich das vieldiskutiert wird, ist ebenfalls keine realistische Option für viele Jungärzte. Es bleibt dann am Ende wohl nur das, was jeder Medizinstudent schon während seines Medizinstudiums gemacht hat: Hart arbeiten um im besten Ausbildungsprogramm unterzukommen, und dann die Schulden, diese immensen Schulden, eines Tages allmählich abzutragen. Die armen Medizinstudenten, im doppelten Wortsinne.

Umgangsformen à la américaine: Die Visite aus sprachlicher Sicht

Die deutsche Sprache besitzt mit den Anredeformen „Du" und „Sie" eine einfache, aber linguistisch sehr effektive Möglichkeit, Beziehungen zwischen Gesprächspartnern dar- und herzustellen. Während das „Du" vor allem im Familien- und Freundeskreis eingesetzt wird, ist das „Sie" die Anredeform zwischen Unbekannten, Geschäftspartnern und nicht auf der hierarchisch gleichen Stufe Stehenden. Es bekundet Respekt.

Daß das „Du" seit Jahren zunehmend das „Sie" verdrängt, ist den meisten aus dem Alltag heraus bekannt. Diese Entwicklung scheint vor allem aus dem englischsprachigen Raum zu kommen, wenngleich andere Sprachen die dieses ebenfalls nicht (mehr) gebrauchen wie der skandinavisch-niederländische Raum ggf. auch eine Rolle spielen könnten.

Die englische Sprache hat diese linguistische Bipolarität im 17. Jahrhundert aufgegeben als das „thou“ (bzw. „thee“, „thy“ und „thine“) und „you“ allmählich ineinander verschmolzen und nur noch das ursprünglich formellere „you“ übrigblieb. Klassische und ältere Literaturtexte wie die Bibel oder Shakespeares Werke enthalten dann diese für moderne Ohren ungewöhnlich klingenden Anredeformen noch gelegentlich.

Die US-Gesellschaft ist in jüngerer Zeit noch weiter gegangen in der Einebnung von linguistischen Hierarchien bzw. Schaffung eines einheitlichen Umgangstones unter- und miteinander. Diese Entwicklung hat selbst im traditionell konservativen Medizineralltag dafür gesorgt, daß man sich statt mit Nach- nunmehr vor allem mit Vornamen anspricht: Meine Oberärzte lassen sich am liebsten mit Vornamen anreden, die Krankenschwestern melden sich stets nur mit ihren Vornamen und auch Patienten bestehen oft darauf, nicht etwa „Mr. Smith“ oder „Mr. Olson“ sondern „Jack“ oder „Dick“ genannt zu werden. Öfters werden auch noch Koseworte wie „Liebling“ („dear“) oder „Schätzchen“ („darling“) im Sprachalltag eingeworfen.

Wie hat man sich also – linguistisch – eine Morgenvisite zwischen Ärztin Katie Anderson, Krankenpfleger Richard Miller und Patientin Laverne Olson vorzustellen?

Ärztin: „Guten Morgen, Laverne. Wie geht es Dir, Schätzchen?“
Patientin: „Gut, Katie. Mein Durchfall hat aufgehört. Ich fühle mich besser, nicht wahr, Rich?“
Pfleger: „Ja, Laverne. Dein Durchfall ist besser. Katie, kann Laverne heute entlassen werden?“

Ins Deutsche übersetzt klingen diese Sätze und der Sprachstil ungewohnt; im englischen Original habe ich sie jedoch schon oft in ähnlicher oder gleicher Form vernommen. Sind das die linguistischen Zustände, die uns in deutschen Krankenhäusern in wenigen Jahrzehnten erwarten? Da die USA uns Deutschen oft ein Vorbild sind, muß man solch eine Entwicklung wohl erwarten.

Selbstzentrierte USA: Beispiel Studienseminare

In einem Krankenhaus, in dem ich arbeitete wurden jeden Mittwoch zur Mittagszeit im Rahmen eines „Studienseminares" zwei aktuelle, relevante wissenschaftliche Studien der Ärzteschaft vorgestellt und diskutiert. Im Englischen trägt diese Veranstaltung die Bezeichnung „journal club" und ist in Deutschland unter demselben Namen ebenfalls nicht ganz unbekannt. Sie hat dabei eindeutig Fortbildungscharakter: Vier internistische Fachärzte teilen sich jede Woche sechs bis acht relevante Fachjournale untereinander auf, die sie durchforsten um dann eine Liste der aus ihrer Perspektive relevantesten wissenschaftlichen Veröffentlichungen zu erstellen. Diese werden dann in einer Oberarztrunde vorgestellt und durchdiskutiert und am Ende die zwei relevantesten zur Diskussion unter Assistenzärzten ausgewählt.

Die Studien werden dann jeweils an zwei Assistenzärzte gegeben, deren Aufgabe es ist, diese Studie vorzubereiten und eine Woche später im Rahmen des Studienseminars den anderen Assistenzärzten vorzustellen. Ein dienstjüngerer Assistent stellt die Thematik, den Studienaufbau und die Methodik der Studie vor, ein dienstälterer präsentiert die Ergebnisse und führt die anschließende Diskussion. So erfahren die Zuhörer neueste wissenschaftliche Erkenntnisse und können diese im Rahmen einer Diskussion kritisch hinterfragen; die vortragenden Assistenten üben sich außerdem darin, Studien kritisch vorzubereiten und sie dann auch zu präsentieren.

Der die Veranstaltung leitende Arzt orchestriert die Diskussion und unterbricht sie, wenn relevante Punkte etwas genauer erörtert werden müssen. Da diverse Fach- und Oberärzte aus sowohl stationären als auch ambulanten Einrichtungen zugegen sind, herrscht oft eine sehr konstruktive und interessante Diskussionsatmosphäre. Aber ein Aspekt ist aus meiner Sicht störend: Es werden ausschließlich englischsprachige Journale herangezogen und mit Ausnahme des *Lancet* ausschließlich US-Medizinjournale benutzt. Es ist noch kein einziges Mal in den letzten Jahren vorgekommen, daß eine Studie aus einem der vielen englischsprachigen Journale aus Europa erörtert wurde, daß aus einem australisch-neuseeländischen oder israelischen Journal etwas vorgestellt wurde. Es wird so gemacht, als gäbe es diese Journale nicht. Stets wird das Augenmerk auf die USA gerichtet, ganz zu schweigen davon, daß wohl nie eine nicht-englische Studie vorgestellt werden wird.

Auf der Frage nach dem „Warum" gab es eine klare Erklärung: Es gäbe eine Fülle an wissenschaftlichen Veröffentlichungen und Journalen und da müsse man sich eben auf die relevanten Magazine konzentrieren. Mittels einer wissenschaftlichen Untersuchung sei einmal nachgewiesen worden, welche das im Detail seien, eben fast ausschließlich US-Medizinjournale. Das ist typisch für die US-Medizin: Selbstzentriert

Die $4-Dollarliste

Teil des ärztlichen Arbeitens ist ein ressourcenschonender Umgang in der Medizin. Das bedeutet nicht nur, daß man die Indikationsstellung eines Testes gut begründen muß, ehe man ihn anordnet, sondern auch die Berücksichtigung der Kosten für Diagnostik und Therapie, einschließlich der Medikamente. So gibt es eine $4-Dollarliste, die einem schon als Assistenzarzt derart oft begegnet, daß man sie als Facharzt im Prinzip auswendig kennt. Sie listet die Medikamente auf, die im Billigsupermarkt Wal-Mart und der ihr angeschlossenen Apotheken für maximal vier US-Dollar für einen Monatsvorrat gekauft werden kann. Wal-Mart ist in den USA Maßstab des Billigeinkaufes übrigens.

Diese Vier-Dollarliste hilft den Ärzten ungemein, denn hiermit können zügig die günstigsten Medikamente herausgesucht werden um dem Patienten seine Therapie so günstig als möglich zu gestalten; nicht umsonst hängen mehrere solcher Listen in vielen Arztpraxen und Krankenhäusern. Mit Blick auf diese Liste wird verständlich, wieso Medikamente wie das Blutdruckmedikament Lisinopril, der Cholesterinsenker Simvastatin oder das Antibiotikum Amoxicillin derart beliebt unter so vielen US-Patienten sind: Sie sind wirksam, aber auch günstig.

So kann man dem Patienten Geld sparen. Denn das US-System ist und bleibt sehr teuer, aber immerhin gibt es bei den Medikamenten oft günstige Ausweichmöglichkeiten.

Medicaid: Die Krankenversicherung für viele Arme

Es herrscht in vielen Ländern die Meinung vor, daß wer arm in den USA sei, automatisch keine Krankenversicherung habe. Dieses Vorurteil ist undifferenziert und daher falsch. Wer sich mit dem US-System näher beschäftigt, der stellt fest, daß es mit „Medicaid“ ein staatliches Krankenversicherungssystem seit 1965 gibt, das seit Jahrzehnten behinderten Menschen, Schwangeren und Familien eine robuste Krankenversicherung bietet (www.medicaid.gov). Man darf nur nicht zu viel verdienen, sonst ist man nicht Medicaid-berechtigt. Um Zahlenbeispiele zu nennen: Eine vierköpfige Familie war im Jahr 2012 unterhalb eines Jahreseinkommens von 44.100 US-Dollar Medicaid-berechtigt, bei einem Gehalt über diesem Betrag war man es eben nicht und mußte sich eine private Krankenversicherung statt des staatlich bezuschußten Medicaid suchen. Dabei ist diese Krankenversicherung oft sehr attraktiv, denn mit ihr werden Medikamentenkosten, Arzt- und Krankenhausbesuche abgedeckt, je nach Einkommen und Gesundheitsleistung mit oder ohne Zuzahlungen.

Die Hauptgruppen, die von Medicaid ausgenommen sind, sind Besserverdienende, illegale Einwanderer und kinderlose Erwachsene im Alter von 19 bis 65 Jahren, selbst wenn sie arm sind. Das hat sich zwar mit der von Präsident Obama angestoßenen Gesundheitsreform verändert, denn nun ist nur noch das Jahresgehalt ausschlaggebend, aber nur in knapp 60 % der Bundesstaaten wurde diese Gesetzesänderung bisher eingeführt.

Die USA kennen den Leistungsgedanken: Man geht davon aus, daß Erwachsene ihren Lebensunterhalt selbst bestreiten und damit auch ihre Krankenversicherung bezahlen können. Offen sagen manche: „Wer das Recht in Anspruch nimmt, faul zu sein, der darf auch hungern." Höflicher ausgedrückt: Man geht davon aus, daß Menschen ihres eigenen Glückes Schmied sind. US-Präsident Obama hat das System mit seiner Gesundheitsreform „bezahlbares Krankenversicherungsgesetz" (www.healthcare.gov) verändert und nun können auch weniger wohlhabende, aus US-Sicht „faule" Menschen staatlich bezuschußte Krankenversicherungen wie Medicaid beziehen. Es herrschen bald europäische Verhältnisse, wie Republikaner spotten, und fragen sich woher das Geld kommen soll.

Ist Medicare ein Schneeballsystem?

In den USA traut man sich, Dinge direkt und offen anzusprechen. Sowohl die staatsaffinen Demokraten als auch die wirtschaftsliberalen Republikaner haben viele gute Argumente, und es kann eine Freude sein ihre Debatten mitzuverfolgen. Im Rahmen einer – von beiden Seiten sehr gut geführten – Debatte fiel das Argument, daß das staatliche Gesundheitswesen Medicare, das eine Krankenversicherung für alle US-Bürger ab dem 65. Lebensjahr darstellt und somit gewährleistet, daß beinahe jeder Mensch im Seniorenalter in den USA staatlich krankenversichert ist, ein ökonomisches Schneeballsystem sei: Jedes Jahr müsse aufgrund der Demographie ein immer größerer finanzieller Aufwand gezahlt werden um die versprochenen Gesundheitskosten den Versicherten gewährleisten zu können. Ähnliches hört man übrigens auch in Deutschland über die gesetzlichen Krankenversicherungen.

Schaut man sich die von den Republikanern präsentierten Zahlen an, dann wird einem tatsächlich etwas angst und bange in den USA: Manche behaupten, daß für jeden eingezahlten Dollar jeder ältere US-Amerikaner etwa das Fünf- bis Sechsfache in Form von Gesundheitsleistungen ausbezahlt bekommt. Kann das wirklich sein? Das würde bei einer eingezahlten Summe von knapp 100.000 US-Dollar einer ausbezahlten von knapp einer halben Million Dollar entsprechen, also einer sehr hohen Rendite. Wie trägt sich solch ein System und wie lange noch? Sollten diese Statistiken wahr sein, dann kann man gut nachvollziehen warum die Republikaner panisch werden beim Gedanken an einer Ausweitung der staatlichen Krankenversicherung und wieso sie am liebsten alle staatlichen Krankenversicherungen wie Medicare und Medicaid verbieten wollen. Denn sonst rechnen viele Republikaner mit drastischen Steuererhöhungen beginnend ab 2020; die nächsten Präsidentschaftswahlen 2016 und 2020 werden hier wegweisend sein ob die staatlichen Krankenversicherungen noch weiter ausgeweitet oder zurückgeschraubt werden.

„Doktor Blau": Die Reanimation in den USA

Es war mal wieder soweit: Ein Patient wollte sich im Krankenhaus gen Himmel verabschieden. Sie hatte zwar eine koronare Gefäßumleitung, bekannt als sogenannter koronarer Bypass, überstanden, war aber noch zwei Tage nach ihrer OP angesichts einiger Komplikationen weiterhin im Kreislaufschock und entsprechend noch mit einem Atemschlauch und von einer Maschine beatmet und mit vielen intravenösen Infusionen sediert und behandelt. Offensichtlich kämpfte sie, zusammen mit den sie behandelnden Ärzten und Schwestern, noch um ihr Leben.

Wie sich herausstellen sollte war sie tatsächlich noch nicht aus dem roten Bereich heraus: Nachmittags gegen 16 Uhr wechselte ihr Herz, überwacht am Herzbildschirm, plötzlich vom normalen Rhythmus, dem Sinusrhythmus, in ein gefährliches Kammerflimmern bei dem im Herzen elektrische Impulse statt regelrecht eben unregelmäßig und viel zu schnell im Herzmuskel ablaufen. Dadurch wurde ihre Herzfunktion unregelmäßig und ihr Blutdruck wurde Sekunde um Sekunde niedriger und noch niedriger.

Es war ein regelrechter Notfall und die Intensivkrankenschwester tat, was ihr Intensivstationsprotokoll vorsah: Sie drückte den in jedem Zimmer deutlich sichtbaren „Doctor Blue"-Knopf und ein „Code Blue" erschallte via Lautsprecher durch das Krankenhaus.

Die knapp Dutzend Reanimationspiepser, von denen ein jedes Mitglied der täglich wechselnden „Code Blue"-Mannschaft einer trug, gingen mit ohrenbetäubendem Geräusch los. Meine drei Assistentenkollegen, der Anästhesist, ein Atemtherapeut, drei andere Schwestern, ein Apotheker, vier Medizinstudenten, ein intensivmedizinischer Oberarzt sowie ich rannten zum Ort des Geschehens.

Wir kamen alle innerhalb von knapp 30 Sekunden fast zeitgleich an, außer Puste, und die Reanimation war schon im vollen Gange – innerhalb von fünf Sekunden übernahm einer der dienstjüngeren Ärzte die Herzmassage, angeleitet vom Reanimationsleiter. Das Lied „Staying Alive" ging vielen durch den Kopf, weil der Rhythmus des Liedes als Mindestkompressionsrhythmus uns allen eingebläut worden war, und wir hatten nicht umsonst dieses Verfahren dutzende Male an sehr teuren und interaktiven Reanimationssimulatorenpuppen sehr regelmäßig geübt, geübt *ad nauseam*. Wir wußten alle genau was zu tun war – der Anästhesist kümmerte sich um die Beatmung, wir Ärzte um die Anleitung der Reanimation, der Apotheker um die Medikamente und die Schwestern um die eigentliche Reanimation und Patientenlagerung. Der Anästhesist nahm, wie es die Regel ist, die intubierte Frau von der Beatmungsmaschine und begann sie manuell zu beatmen. Der Reanimationsleiter ordnete rasch hintereinander an: „Adrenalin 1 mg". „Defibrillatorenkleber befestigen". „Laden". „Abstand, 1-2-3, defibrillieren". „Magnesium 2 g" um nur die ersten der vielen Kommandos zu nennen; er schaffte es, trotz Chaos, den groben Überblick zu behalten und allen klaren Anweisungen zu geben.

Zwei Minuten später war der Herzschlag wieder im vorherigen und regelrechten Sinusrhythmus, und der Blutdruck hatte sich auf 88/48 stabilisiert, ein niedriger, aber akzeptabler Wert. Eine gebrochene Rippe vermeldete ein Arzt und ein wenig Blut leckte aus der Brustwandwunde, ansonsten schien alles wieder wie vorher. Die Patientin ging notfallmäßig zu einem CT-Gerät und der Herzchirurg kam dem Zimmer entgegengelaufen; wir Reanimationsärzte machten uns, nachdem wir einige Justierungen an der Beatmungsmaschine und den Medikamenten vorgenommen, einige weitere diagnostische Maßnahmen angeordnet und uns mit dem Kardiologen und Herzchirurgen abgesprochen hatten, wieder auf den Weg zurück zu unserer Arbeit. Ein ganz normaler Reanimationsablauf für uns, typisch für ein US-Krankenhaus: Durchorganisiert und eingespielt – wie so oft, beeindruckend diese US-Medizin.

Der Internist ist der Hauptarzt eines US-Krankenhauses

Hat man einen guten Tag als Internist in den USA, dann sagt man sich: „Ich bin der wichtigste Arzt des Krankenhauses, eine Art zentrale Instanz. Gefühlte 90 % aller Patienten werden von mir als Allgemeininternisten aufgenommen, behandelt und entlassen". Hat man einen schlechten Tag, dann denkt der Internist bei sich: „Schon wieder bin ich quasi Abladeinstanz der Fachrichtungen und muß die ganze Aufnahme- und Entlaßarbeit auf mich nehmen: Ich muß die Medikationsliste überprüfen, den Aufnahmebrief schreiben und so weiter und so fort, und das alles obwohl ich für den Patienten gar nicht so viel mache, weil der Gastroenterologe schon das Wichtigste abgeklärt hat".

Das System funktioniert anders als in Deutschland: Während man als Patient in Deutschland oft vom jeweiligen Facharzt (z. B. der Orthopäde nimmt Patienten mit Knochenbrüchen, der Allgemeinchirurg Patienten mit Blinddarmentzündung oder der Gastroenterologe Patienten mit Darmblutung auf usw.) aufgenommen wird, wird man in den USA fast immer vom Allgemeininternisten aufgenommen. Dieser konsultiert dann den Spezialisten, d. h. ordnet zwar viele der Therapien an, ist aber vom Expertenwissen des Spezialisten abhängig und muß dieses an ihn delegieren.

Ein Beispiel: Es rutschte eine 45-jährige Frau auf ihrer Treppe aus und brach sich den Oberarm. Sie nahm nur ein Medikament, nämlich einen Cholesterinsenker für einen erhöhten Cholesterinwert seit vielen Jahren ein, war ansonsten gesund. Dennoch wurde ich als Internist vom Orthopäden umgehend gebeten die Patientin aufzunehmen und „medizinisch zu betreuen", obwohl es internistisch nicht viel zu betreuen gab. Der

Orthopäde hatte die Patientin in der Notaufnahme kurz visitiert, den OP-Termin festgelegt, eine kurze Konsilnachricht in die elektronische Akte getippt und mich hiernach gebeten, alles Weitere zu machen, sie „präoperativ" abzuklären und „medizinisch zu betreuen" („pre-operative cardiovascular assessment and medical management as per internal medicine"). Im Prinzip bat er damit mich als den Allgemeininternisten, mich um alles zu kümmern, was jenseits der OP und der postoperativen Frühmobilisierung des Armes lag. Das beinhaltete nicht nur prä- und postoperative Schmerztherapie und Entscheidungen über Blutuntersuchungen, sondern eben auch die nicht so beliebte Dokumentationsarbeit wie Aufnahmeanamnese, Entlassungsbrief und Mithelfen beim Finden einer geeigneten Rehabilitationseinrichtung. Die Arbeit ist keine schwierige, aber da die Patientin nicht nur für den Orthopäden die ärztliche Arbeitszeit bezahlt, sondern auch noch zusätzlich meine bezahlen muß, wird ihre Krankenhausrechnung in meinen Augen unnötig teurer durch meine Anwesenheit. Man merkt es auch manchen Patienten an, daß sie dieses System bei einfach gelagerten Fällen mit Widerwillen akzeptieren.

Gibt es einen Patienten mit aufgetretenem Darmverschluß, wer nimmt den Patienten an den meisten US-Krankenhäusern auf? Natürlich der Internist, obwohl die eigentliche Arbeit, also ggf. die chirurgische Reparatur, vom Allgemeinchirurgen geleistet wird. Eine Patientin mit Hirnblutung? Natürlich wird sie ebenfalls vom Internisten aufgenommen, wenngleich der Neurochirurg konsiliarisch hinzugezogen wird und sich um das Entfernen des Hirnblutes kümmert. Auch Herzinfarkte, Darmblutungen oder Nierenversagen werden statt vom jeweiligen Spezialisten fast immer vom Allgemeininternisten, also unter anderem mir, aufgenommen und betreut und der jeweilige

Spezialist „hinzugebeten“, „konsiliarisch um Rat gefragt“ wie man es medizinisch gerne ausdrückt.

Der Allgemeininternist fungiert als Alleskönner, bzw. als Alles-ein-wenig-Könner und Alles-machen-Müsser. Es ist eine große Umstellung für einen deutschen Arzt als Allgemeininternisten plötzlich das Mädchen für alles zu sein und trotzdem nicht immer das Sagen zu haben – in Deutschland betreut man stationäre Patienten zumeist alleine, in den USA in größeren Krankenhäusern als Gruppe von Ärzten, die manchmal bei sehr komplexen Fällen mehr als zehn verschiedene Fachrichtungen umfassen können. Diese wichtige Funktion des Internisten in den USA erklärt übrigens auch, wieso er so ubiquitär ist und eines der häufigsten Fachärzte.

Natürlich bringt es auch Vorteile, wenn mehr als nur ein Arzt einen Patienten betreut – vier Augen sehen mehr als zwei. Es gibt tatsächlich diverse Situationen bei denen aufgrund der Komplexität eines Krankheitsfalles, Kosten- und Mortalitätsvorteile entstehen, wenn ein Allgemeininternist Teil der Behandlungsmannschaft ist und alles koordiniert und überwacht. Außerdem ist das System wie es ist: Der Allgemeininternist ist der wichtigste Arzt im Krankenhaus, mit all den Vor- und Nachteilen die seine Rolle mit sich bringt.

Der kränker werdende Patient im Krankenhaus – ein stationärer Notfall

Es gibt im stationären Alltag den „normalkranken“ Patienten, der zwar krank ist und genesen muß, aber nicht lebensbedrohlich krank ist. Ein Patient mit leichter Lungenentzündung wäre solch ein Beispiel, und er liegt dann auf einer *Normalstation*. Dann gibt es den „schwerstkranken" Patienten, wie z. B. ein schlimmer Herzinfarkt der zu einem Kreislaufversagen, also kardiogenem Schock, geführt hat, der also derart krank ist, daß er auf einer *Intensivstation* überwacht und behandelt werden muß. Diese Aufteilung in Normal- und Intensivstation ist eine logistische Aufteilung, wie sie in fast allen Krankenhäusern der Welt vorgenommen wird.

Wenn nun einer dieser Patienten, unabhängig auf welcher Station er liegt, sich plötzlich innerhalb von wenigen Minuten oder Sekunden massiv verschlechtert und scheinbar am Sterben ist – man spricht dann oft von Reanimationspflichtigkeit – dann wird notfallmäßig der Arzt gerufen, meistens in den USA im Rahmen eines „Doktor-Blau"-Einsatzes wie an anderer Stelle beschrieben. Doch was macht man bei nicht so kranken Patienten bzw. Patienten, die sich zwar allmählich verschlechtern, aber nicht innerhalb von wenigen Minuten, sondern über Stunden hinweg, die trotz Therapieänderung allmählich noch kranker werden und besorgniserregende Zeichen wie zunehmende Luftnot oder niedriger Blutdruck entwickeln?

Die Krankenschwester kann zwar den Arzt in solchen Fällen rufen, aber nicht immer ist er erreichbar, beziehungsweise manchmal scheinen die Therapieentscheidungen von ihm nicht adäquat den Zustand zu bessern. Daher haben sich seit knapp 2005 in den USA dafür „Rapid Response Teams" gebildet, eine kleine Gruppe die ich als „stationäre Notinterventionstruppe" (StaNIT) übersetze. Fast alle US-Krankenhäuser haben mittlerweile diese StaNITs implementiert und viele Arztkollegen können sich ein Krankenhaus nicht ohne sie vorstellen. Doch was genau sind sie und was machen sie?

Ihre Aufgabe ist letztlich die Vorbeugung des absoluten Notfalles in einem Krankenhaus, nämlich der Reanimationspflichtigkeit, dem, was in den amerikanischen Krankenhäusern oft als „Code Blue“ bezeichnet wird. StaNITs sind kleine mobile Pflege- oder (seltener) Arztmannschaften, die auf die jeweiligen Stationen gerufen werden, weil sich der Zustand eines Patienten verschlechtert hat. Im Prinzip ist es ein Hilferuf der Krankenschwester oder einer anderen besorgten Person, da es in den USA nicht den klassischen im Stationszimmer sitzenden Stationsarzt gibt, sondern mobil visitierende Ärzte manchmal die Station für Stunden verlassen. Es ist ein Zur-Verfügung-Stellen von Ressourcen für die Krankenschwester, die sich einem kränker werdenden Patienten, aber eben nicht Reanimationsnotfall ausgesetzt sieht.

Wie läuft so ein StaNIT-Ruf und –Einsatz beispielhaft ab? Es beginnt damit, daß jemand, meistens die Krankenschwester, aber auch ein Patientenangehöriger, die Pflegehilfs- oder Putzkraft, selbst der Arzt, eine potentiell gefährliche medizinische Situation wahrnimmt. Konkret werden hierunter eine Reihe von Symptomen und Veränderungen verstanden wie z. B. plötzlich einsetzende Brustschmerzen, niedrigere Sauerstoffwerte trotz hoher Sauerstoffzufuhr, neurologische Veränderungen wie sprachliches Lallen oder einsetzende Schwäche von Körperbewegungen, deutlicher Blutdruckabfall oder Herzrhythmusveränderungen. Aber manchmal genügt es einfach nur, daß eine Person sich „große Sorgen“ um den Gesundheitszustand eines Patienten macht um solch einen StaNIT-Ruf abzusetzen.

Dann wird der krankenhausinterne Notdienst angerufen, und es erschallt z. B. ein „Rapid Response in room 4165“ via Lautsprecher durchs Krankenhaus. Die Krankenschwester und der Atemtherapeut, die die StaNIT ausmachen und von denen es stets drei je Schicht gibt, erhalten Benachrichtigung über ihre Piepser oder Mobiltelefone und rennen dann zum Patientenzimmer um den Patienten vor Ort zu untersuchen. Sie haben begrenzte Verschreibungs- und Diagnostikmöglichkeiten und können somit EKGs, Röntgenbilder, bestimmte Blutwerte anordnen und bestimmen lassen; auch bestimmte Medikamente wie z. B. Beruhigungs-, Sodbrennen- oder Schmerzmedikation dürfen sie in begrenztem Umfang verschreiben. Wenn sie ärztliche Unterstützung brauchen, dann piepsen sie einen Internisten der eigens für die StaNITs zuständig ist an; z. B. war ich einmal die Woche in bestimmten Krankenhäusern dafür der zuständige Internist. Das Grundziel ist es, den Patienten bei der Genesung zu helfen und eine Verschlechterung zu vermeiden bzw. aufzuhalten.

Ob das System gut ist? Es hängt natürlich davon ab, wen man fragt. Wissenschaftliche Untersuchungen zu diesem Thema scheinen bestimmte Verbesserungen beim Patienten festgestellt zu haben wie z. B. weniger Reanimationspflichtigkeit, auch wenn natürlich das StaNIT-System Mehrkosten verursacht. Systemfremde Ärzte sehen das System oft kritischer, weil sie wissen, daß in anderen Ländern das Gesundheitssystem auch ohne diese Interventionen funktioniert. Aber es nimmt tatsächlich dem Arzt eine gewisse Bürde ab und macht es für die Krankenschwester leichter den jeweils richtigen Ansprechpartner für die Belange des Patienten schnell zu finden.

Zweiklassenmedizin – das V. A.-System

US-Amerikaner, die im Militärdienst tätig gewesen sind haben nach einer bestimmten Dienstzeit Anspruch auf Leistungen aus dem staatlichen V.A. (Veteran Affairs)-System, inklusive des V.A.- Krankenversicherungssystems. Details dazu findet man unter www.va.gov. Das V.A.-Krankversicherungssystem ist umfangreich und besitzt sein eigenes US-weites Netzwerk an Praxen, V.A.-Krankenhäusern, Ärzten und besitzt selbst sein eigenes, etwas veraltet wirkendes EDV-System. Obwohl die große Mehrzahl der Krankenhäuser in den USA nicht zu diesem System gehören, findet man grundsätzlich in jeder großen US-Stadt neben vielen privaten und universitären Krankenhäusern meistens auch ein V.A.-Krankenhaus.

Das V.A.-Krankenversicherungssystem bietet eine robuste Basisversorgung der Patienten an und therapeutisch werden die meisten Krankheiten ähnlich wie in Nicht-V.A.-Krankenhäusern behandelt. Der große Unterschied ist vielmehr organisatorischer Art: Die Patienten liegen in Mehrpatientenzimmern meist zu zweit oder manchmal gar zu viert, die Krankenhäuser wirken oft als wären sie baulich veraltet oder gar renovierungsbedürftig und die V.A.-Patienten müssen längere Wartezeiten für ihre Operationen und Arzttermine in Kauf nehmen. Doch zu den organisatorischen kommen auch noch medizinische Unterschiede, und es werden beispielsweise teure oder neue Medikamente meistens erst mit einer Verzögerung oder erst einmal gar nicht eingesetzt, weil der Nutzen noch nicht erwiesen ist und die Kosten zu groß sind. Weiterhin ist das Zimmermobiliar spartanischer, die Essensmahlzeiten weniger abwechslungsreich, und man munkelt auch, daß viele der Ärzte und das Pflegepersonal unhöflicher sind als in den Nicht-V.A.-Krankenhäusern, böse Zungen meinen sogar sie seien weniger kompetent.

Für einen Deutschen klingt es wie der Unterschied zwischen gesetzlicher und privater Krankenversicherungsatmosphäre in einem deutschen Krankenhaus. Der Staat bezahlt auf der einen Seite die Kosten (das V. A.-System bzw. das gesetzliche Krankenversicherungssystem in Deutschland) während ein privates Unternehmen die Kosten auf der anderen Seite (das private Krankenversicherungssystem in den USA und Deutschland) bezahlt. So gibt es auch in den USA innerhalb des bestehenden Gesundheitssystemes eine Zweiklassenmedizin.

Warum der medizinische Nobelpreis wieder in die USA geht

Jahr um Jahr gehen die Medizinnobelpreise an US-amerikanische Forscher, und damit beweisen jedes Jahr die US-Medizin und die US-Forschung daß sie höchstes Niveau besitzen. Sie sind weltweit führend auf sehr vielen Gebieten, die Medizin zählt hierzu.

Als Arzt spürt man das allenthalben: So wird kurz nach der Zulassung ein neues Medikament schon verschrieben und bei Patienten gesehen, wie z. B. das deutlich teurere, aber auch etwas effektivere Blutverdünnungsmittel Apixaban oder das bei einer Lungenvernarbung eingesetzte Medikament Pirfenidon. Neue robotorassistierte Operationen sind längst Alltag in amerikanischen OP-Sälen, und PET-CTs bei der Krebsabklärung und MRT des Brustgewebes bei Brustkrebsvorsorgeuntersuchungen sind nur einige der vielen rasch eintretenden Änderungen. Man spürt die Präsenz der Forschung und die dauerhaften Rückkopplungsmechanismen in den klinischen Alltag.

Doch wieso ist die US-Medizin so erstklassig? Wieso gehen so viele Nobelpreise an US-Amerikaner? Einige Vermutungen will ich aufzählen:

Erstens, weil das medizinische System sehr technologiefreudig ist und Innovationen zügig eingeführt werden. Ein PET-CT ist nun einmal besser als simple CT-Tumordiagnostik. Ein Smartphone als Piepser ist zuverlässiger als ein klassischer Piepser. Neues Wissen kann dadurch sich schnell aufeinander aufbauen.

Zweitens, weil die Verzahnung Forschung und klinische Medizin eine sehr intensive ist: Andauernd wird man als Arzt im Krankenhaus angesprochen Forschung zu betreiben, und es werden einem Forschungsprojekte regelrecht aufgedrängt. Wöchentliche evidenzbasierte Konferenzen und stetige Qualitätsverbesserungsschulungen sind weitere Aspekte um Ärzte, aber auch Krankenschwestern, Physiotherapeuten und viele andere im Gesundheitswesen tätige Menschen auf dem Laufenden zu halten.

Drittens, weil die US-Medizin eine hohe Anziehungskraft international besitzt, immigrieren überdurchschnittlich hart arbeitende und/oder begabte Ärzte und Forscher in die USA. Dort erhalten sie eine sehr gute Entlohnung bei zumeist niedrigeren Steuersätzen und sehr gutem Forschungs- und Arbeitsumfeld. Beruflich wie auch finanziell geht es einem meistens besser als z. B. in der EU.

Viertens, weil die US-Gesellschaft bereit ist einen großen Anteil ihrer Ressourcen in die Medizin zu investieren. Was investiert wird, wird auch meistens wieder als Forschungsergebnis herauskommen.

Wenn dann Jahr um Jahr bei der Nobelpreisverleihung vor allem Englisch in der Dankesrede, vor allem mit amerikanischem Dialekt, gesprochen und gehört wird, dann wird niemand überrascht sein. USA ist weiterhin Weltklasse, eben auch im medizinischen Bereich.

Das aussterbende Doppelzimmer

Während eines meiner Dienste wurde ein älterer Patient mit einer nicht allzu schwerwiegenden Gallenblasenentzündung aufgenommen. Seine Schmerzen waren mit stärkeren Schmerzmedikamenten leicht zu kontrollieren und das Aufnahmegespräch in der Notaufnahme fand entsprechend in sehr angenehmer Gesprächsatmosphäre statt. Eine halbe Stunde später war er auf Station, und ich ging meinen anderen ärztlichen Tätigkeiten nach.

Mein Smartphone ging plötzlich los, und mittels der Textnachricht, die auf ihm erschien, bat mich die Schwester auf Station zu eben jenem Patienten zu kommen; es sei kein Notfall, aber er sei etwas erbost. Zügig kam ich der Aufforderung nach, gerade auch weil wir an unserem Krankenhaus versuchen die Patientenzufriedenheit so hoch wie möglich zu halten; tatsächlich traf ich einen erzürnten Patienten an.

Ob es mein und unser Ernst sei ihm ein Doppelzimmer zuzumuten, fragte er mich. Worauf ich etwas hilflos nur auf das andere im Zimmer stehende leere Bett verweisen konnte und die Vorhänge, die ihn von einem potentiell anderen Patienten trennen würde, der ja noch nicht einmal aufgenommen worden sei und es so unklar war, ob das Bett überhaupt besetzt werden würde. Doch meine Versicherung, daß heute Nacht wohl niemand mehr aufgenommen würde und er voraussichtlich nur zwei Nächte im Krankenhaus liegen würde half nicht – er bestand darauf, in eines unserer Einzelzimmer verlegt zu werden. Das war nicht schwer, denn zu jener Zeit machten sie schon knapp 90 % des 800-Bettenkrankenhauses aus, Tendenz weiter steigend und ab 2015 dann zu 100 % des Krankenhauses.

Es wurde mir wieder einmal bewußt, wie groß die Anspruchshaltung der US-Patienten ist, wie ernst die Patientenzentriertheit von Ärzten und Krankenschwestern genommen wird, daß man einen diensthabenden Arzt selbst für eine banal scheinende Komfortfrage des Patienten mitten in der Nacht herbittet. Außerdem wurde mir der Komfortstatus der Patientenzimmer in den USA erneut bewußt: Flachbildschirmfernseher, eigenes Bad mit Dusche, großteils Einzelzimmer, Krankenhausbett mit einer Vielzahl an Funktionen, PC im Zimmer, kabelloses Internet, Lehnsessel der zu einem Ausziehbett für Angehörige umkonvertiert werden kann, umfangreiche Essensmöglichkeiten und so fort. Der hohe Ressourcenverbrauch, der Technologiestandard und die hohen Löhne im US-Gesundheitswesen sind Teil der hohen Gesundheitskosten, aber auch die Patienten mit ihren hohen Ansprüchen tragen eine Mitverantwortung.

Angst vor dem Rechtsanwalt – Teil I

In Deutschland wird in unregelmäßigen Abständen davon berichtet, wie Patienten eine suboptimale oder gar schlechte Behandlung erhalten. So wurde in der Frankfurter Allgemeinen Zeitung unter dem Titel „Gesundheitssystem – Wie die Klinik krank macht" von der Journalistin Sonia Mikich ihre Krankenbehandlung in einem deutschen Großstadtkrankenhaus geschildert: Bei Verdacht auf Darmkrebs wurde ein Teil ihres Darmes entfernt und nach der Operation kam es zu einer Komplikation nach der anderen. Die Journalistin schilderte das, was man öfters von deutschen Krankenhäusern hört, nämlich daß man im Klinikalltag oft ressourcenarm versorgt und trotz kritischen Zustandes z. T. tagelang vernachlässigt wird. Das System sei suboptimal und außerdem herrsche ein patientenunzentrierter Behandlungsstil, es werde also zu viel von oben herab therapiert.

Wenn ich Texte und Schilderungen lese, bei denen Patienten unzufrieden sind und die Therapie keinen guten Ausgang hatte, ist mein erster Gedanke: „Die armen Ärzte werden nun verklagt". Ich bin derart konditioniert und von meiner Arbeit in den USA gewohnt, daß ein (unsichtbarer) Rechtsanwalt im Hintergrund stets meine Therapieentscheidungen mit evaluiert, daß es bei mir einige Sekunden dauert, ehe ich mich erinnere, daß es in anderen Ländern wie Deutschland eben nicht so der Fall ist; juristische Klagen sind in Deutschland insgesamt selten und Schadenersatzzahlungen fallen zumeist niedrig aus.

Es kommt mir nach solchen Überlegungen reflexartig oft noch ein weiterer Gedanke: „So etwas wäre in den USA wohl nicht passiert, weil die Ärzte vor lauter Angst vor dem Verklagtwerden viel schneller und leichter erreichbar und beim Patienten gewesen wären". Ob das jedes Mal wirklich so ist, sei dahin gestellt, aber aus eigener Erfahrung weiß ich, daß bei nur kleinsten Zeichen eines schlechten postoperativen Verlaufes sehr viel getan wird um irgendwelche negativen Entwicklungen zu vermeiden und eindringlich versucht wird, dem Patienten das Gefühl zu geben, daß alles, aber auch wirklich alles getan wurde: Es werden andere Ärzte konsiliarisch selbst mitten in der Nacht hinzugezogen, man ordnet viel Diagnostik in Form von Bildgebung und Blutuntersuchungen an und ist fast rund um die Uhr für den Patienten und die Familie erreichbar, oft mehrmals am Tag beim Patienten vorbeikommend. In den USA ist der Chirurg quasi höchstpersönlich für das OP-Ergebnis verantwortlich und haftbar und steht somit unter hohem Druck, gerade auch juristisch bedingt.

Einige Zahlen belegen eindrücklich, daß eine Klage gegen einen US-Arzt kein Zuckerschlecken für ihn ist: Bei den 15.843 Klagen, die im Jahr 2006 gegen Ärzte eingereicht wurden, wurde durchschnittlich 234.635 US-Dollar je Fall ausbezahlt. Viele Klagen scheitern zwar, aber statistisch geht man davon aus, daß knapp die Hälfte aller Ärzte mindestens einmal in ihrem Leben verklagt werden was jeder zu vermeiden versucht, aber eben nur die Hälfte wirklich vermeidet. Doch wieso ist der juristische Druck so niedrig in Deutschland? Ist man einfach netter oder gibt es bei einem deutschen Arzt einfach nicht viel zu holen?

Angst vor dem Rechtsanwalt – Teil II

Würde man ein Märchen vom Arztdasein in den USA erzählen, dann würden große Teile der Geschichte in Rosatönen vorgetragen: Ein Lobeslied würde angestimmt über das hohe Ansehen als Arzt in der US-Gesellschaft, die vielen Möglichkeiten hinsichtlich Diagnostik und Therapie die nur wenig vom Staat und den Krankenversicherungsgesellschaften eingeschränkt werden, das gute Verhältnis zwischen Pflege und Arzt, die guten Genesungsbedingungen für den Patienten in den bequemen Einzelzimmern und dem hohen Verdienst als Arzt, Krankenpfleger und Krankenhausadministrator. Doch so wie es einen bösen Wolf, einen Räuber oder einen bösen König im Märchen gibt, so gibt es auch im Märchen der US-Medizin Bösewichte.

Der juristische Druck gehört wohl zu einem der bedrückendsten Aspekte und so ist wohl der Rechtsanwalt der Bösewicht, vor dem man sich hüten muß im Gesundheitssytem. Ich will hierzu drei Fallbeispiele aus der Juliausgabe (Ausgabe vom 23. Juli, 2012) des *American Medical News* zitieren und damit das Absurde der US-Rechtsprechung exemplarisch anführen.

Fall 1: *Martin gegen NYCHH et al*. J. M. hatte eine seltene Hauterkrankung. Sie wurde in drei Krankenhäusern im Staate New York aufgenommen, aber alle drei Krankenhäuser kamen zu keiner abschließenden Diagnose. Dadurch kam es zur Verschlechterung mit neurologischem Befall und Hirnschaden. Die Familie verklagte den Neurologen und die drei Krankenhäuser und erhielt 120 Millionen US-Dollar als Schadenersatz im Mai 2012 zugesprochen.

Fall 2: *Mulkerin gegen Cho*. Im Rahmen einer koronaren Angiographie wurde eines der Herzkranzgefäße bei der Patientin H.M. verletzt, und sie erlitt einen Herzinfarkt als Folge dieses Eingriffs. Sie verklagte den Kardiologen und das sie behandelnde

Krankenhaus in Ohio und erhielt 10 Millionen US-Dollar im April 2012 zugesprochen.

Fall 3: *Chandler gegen Memorial Hospital Jacksonville et al.* C. C. unterzog sich aufgrund seines massiven Übergewichtes einer Magenbypass-OP. Seine schwerwiegenden postoperativen Komplikationen wurden laut ihm unzureichend behandelt, woraufhin er die Ärzte und das Krankenhaus verklagte und im Januar 2012 178 Millionen US-Dollar zugesprochen bekam.

Das sind beängstigende Fälle und wirklich böse Wölfe im US-Medizinmärchen. Das sind Summen, die jegliches Vermögen einer Einzelperson bei weitem übersteigen und auch von keiner Versicherung abgedeckt werden. Im Falle eines solchen juristischen GAUs bleibt dann für viele Ärzte nur noch die Privatinsolvenz und ein Neuanfang in einer anderen Karriere wie z. B. hinter dem Tresen im McDonald's. Bis man dann dort verklagt wird, weil der Kaffee zu heiß serviert worden war und jemand ihn auf sich verschüttet hat.

Wer will die Unversicherten?

In einem bestimmten Krankenhaus mußte ich zweimal in der Woche den Unversichertenpiepser tragen. So nannte ich den Aufnahmepiepser, den ich als Internist in diesem Krankenhaus zugeteilt bekam und mit dem die Notaufnahme mich tagsüber anpiepste um mir die Patienten, die keinen Hausarzt haben („unassigned patients" im offiziellen Sprachduktus), zu übergeben. Das waren zu jener Zeit zu 90 % Menschen ohne Krankenversicherung, deshalb eben Unversichertenpiepser. Sie waren meistens liebenswürdig, aber arm und überdurchschnittlich oft alkohol- oder drogenabhängig oder hatten Krankheiten, die sie mangels Geld einfach nicht ausreichend behandeln konnten.

Viele meiner Kollegen stöhnten über diese Patienten: Sie hatten keine Krankenversicherung, und wer in den USA kein Geld hat, wird erst einmal etwas kritisch beäugt. Da sie unversichert waren, mußte das Krankenhaus, aber auch der sie behandelnde Arzt davon ausgehen, daß er für seine Dienste nicht bezahlt wurde. Vor allem das Krankenhaus aber setzte den Arzt unter Druck den Patienten schnellstmöglich zu entlassen, weil jeder Krankenhaustag Kosten bedeutete.

Aber auch viele Ärzte standen diesen Patienten kritisch gegenüber weil gerade in den USA die Vorstellung, kein Geld für Arbeit zu erhalten, beinahe ein Sakrileg ist. Entsprechend unbeliebt war der Piepser und gerade einem „europäischen“ Arzt wie ich es bin, wurde er besonders oft angeboten – man wußte, daß man bereitwilliger solchen Patienten hilft in vielen nicht-amerikanischen Ländern. Viele Ärzte boten mir sogar kleine Geldgeschenke an, wenn ich ihnen den Unversichertenpiepser abnahm – Hauptsache nicht die Unversicherten, so ihr Credo! Man steht eben zu seiner geldaffinen Einstellung in den USA.

USA – ein Sozialstaat

Trotz einer deutlich ausgeprägten marktliberalen Denkensweise ist vielen Menschen oft nicht klar, wie sozial der US-Staat in Wirklichkeit doch ist. Den USA als ein recht kapitalistisches Land wird oft unterstellt, wenige Ressourcen für die Armen und Schwachen der Gesellschaft auszugeben. Läuft man durch viele Innenstädte und vergleicht die Eindrücke mit denen aus wohlhabenden europäischen Staaten, dann sieht man tatsächlich deutlich mehr Obdachlose und arm wirkende Menschen. In US-Krankenhäusern begegnen einem auch gefühlt mehr Menschen, die einen suboptimalen Zahnstatus oder gar fehlende Zähne haben, weil ihnen schlicht und einfach das Geld fehlt, und sie sind auch medizinisch manchmal etwas vernachlässigt. Das fehlende Geld scheint stets Hauptursache zu sein.

Doch statistisch muß sich die USA nicht hinter europäischen Sozialstaaten verstecken, wie ein Blick auf den US-Staatshaushalt zeigt; der Staat gibt sehr viel Geld für seine alten und armen Bürger aus: 835 Milliarden US-Dollar, also doppelt so viel wie der deutsche Bundeshaushalt *insgesamt*, wurden alleine im Jahr 2011 für die staatlichen Krankenversicherungen *Medicaid* und *Medicare* ausgegeben. Weitere 725 Milliarden US-Dollar wurden für staatliche Renten und Sozialgelder im Jahr 2011 aufgebracht – ebenfalls aus deutscher Sicht eine sagenhaft große Summe. Betrachtet man nun all diese Summen, dann wird klar, daß die USA zumindest aus Haushaltsicht in gewisser Hinsicht ein verkannter Sozialstaat sind, wenngleich die Effekte dieser enormen Summen nicht so deutlich sind, wie man es erwarten würde.

Schlechte Zähne

Wer in den USA wohnt und viel mit armen Menschen Umgang hat, der stellt fest, daß es ihnen auf vielen Gebieten zwar nicht bestens, aber doch passabel geht. Sie bekommen meistens eine Unterkunft, entweder staatlich oder gemeinnützig gestellt und bezahlt, haben dank staatlicher Essensgutscheine und -zahlungen ausreichend zu essen und sind via örtlichen Trägern, oft den Gemeinden, mobil mittels öffentlichen Verkehrsmöglichkeiten. Arme Menschen tragen meistens gute Kleidung, die sie von gemeinnützigen Organisationen oder der Gemeinde erhalten haben und haben eine Basismedizinversorgung, entweder durch *Medicaid* oder bei fehlender Versicherung durch die Notaufnahmen der Krankenhäuser, denn diese müssen jeden behandeln der zur Tür hereinkommt, ob nun krankenversichert oder nicht. Aus deutscher Sicht ist diese Lebensweise natürlich nicht besonders hoch, aber dem Hartz-IV-Modell nicht unähnlich.

Aber an einer Sache kann man in den USA arme Menschen erkennen: schlechte Zähne, d. h. fehlende Zähne, fortgeschrittener Karies und schwerer Parodontose. Das hat natürlich auf der einen Seite mit statistisch überdurchschnittlich schlechter Zahnhygiene aufgrund niedrigeren sozioökonomischen Status zu tun. Auf der anderen Seite damit, daß Zahnärzte in den USA sehr teuer sind, und sie im Gegensatz zu Krankenhäusern und vielen Ärzten keine Behandlungspflicht haben und daß *Medicaid*, also die Krankenversicherung für arme US-Amerikaner, eben nicht für einen Zahnarztbesuch zahlt.

Wer also wissen will ob jemand in den USA arm ist, der möge ihn doch einmal bitten zu lächeln und zu lachen und dabei ihm in den Mund schauen – bei schlechtem Zahnstatus weiß man, wie arm der Gegenüber in etwa ist.

Kapitel 3: Die Ausbildung zum Facharzt

Einleitung

In den untenstehenden Texten soll ein Überblick über die Ausbildung zum Facharzt, in meinem Fall zum Internisten gegeben werden. Es sind sehr dramatische Jahre, intensiv im Lern- und Reifungsprozeß, intensiv auch von der Arbeitszeit her. Viele Ehen werden geschieden in dieser Zeit, viele Freundschaften geschmiedet, weil man durch dick und dünn gemeinsam geht, oft die Nächte statt mit dem Partner eben mit Kollegen verbringt. Wenn Patienten sterben, fühlt es sich manchmal an als hätte man seinen Freund verloren, und ich erinnere mich an viele Tränen die nicht nur die anderen, sondern auch ich zu Hause, manchmal aber auch im Krankenhaus vergossen habe. All diese Eindrücke in Worte zu fassen ist oft versucht worden, kann aber nur schwer gelingen. Daher soll hier nur ein Eindruck geschaffen werden über diese Ausbildungszeit.

36 Monate später ein Facharzt

In vielen deutschen Bundesländern existiert die Weiterbildung zum Allgemeininternisten nicht mehr. In den USA ist er jedoch weiterhin gang und gäbe, und er wird auch nicht in naher Zukunft abgeschafft. Zu zentral ist seine Bedeutung im stationären und ambulanten Bereich, wie an anderer Stelle dargestellt.

Erst nachdem man Allgemeininternist ist, kann man in den USA sich weiterbilden lassen in bestimmte Untergebiete der Inneren Medizin wie z. B. Rheumatologie, Intensivmedizin, Infektiologie oder Onkologie. Diese werden „Unterspezialisierungsfächer“ („subspecialities“) genannt. Da es mindestens 17 solcher Weiterspezialisierungsmöglichkeiten gibt, und einige der Weiterbildungsprogramme zum Teil bis zu sechs Jahre dauern, könnte ein Internist sich wohl sein ganzes Leben lang weiterbilden, ohne je als Facharzt gearbeitet zu haben. Solch eine Breite an Weiterbildungsmöglichkeiten gibt es wohl nur bei ihm.

Die Weiterbildung zum Allgemeininternisten muß daher zwei Dinge umfassen: Das allgemeine Wissen des Faches vermitteln, also ausreichend genug um zu Not auch ohne Unterspezialist behandeln zu können, aber anderseits genug Möglichkeiten bieten die anderen Unterfächer kennenzulernen um diese nicht nur teilweise zu beherrschen, sondern auch einen Überblick zu erhalten, ob man sich nicht in diese weiterspezialisieren möchte. Der allgemeininternistische Facharzt dauert in den USA drei Jahre und somit müssen in einer kürzeren Zeit diese Ziele erreicht werden als z. B. in Deutschland wo der Facharzterwerb mindestens fünf, meistens sechs oder sieben Jahre dauert.

Entsprechend hat man sich in den USA dafür entschieden, daß ein internistischer Assistenzarzt nicht wie in Deutschland alle drei oder sechs Monate die Station wechselt, sondern jeden Monat. Die wöchentlichen Arbeitszeiten sind in den USA zwar um einen Faktor von fast 50 % länger als in Deutschland, aber auch unter diesen Bedingungen ist ein einmonatiger Stationsaufenthalt nicht mit einem sechsmonatigen zu vergleichen. Man hat weniger Zeit das stationsspezifische Wissen und das des Oberarztes aufzunehmen.

Doch ist ein sechsmonatiger Stationsaufenthalt unbedingt immer nötig? Wenn ich, wie während meines Monats auf der Onkologie, bei drei verschiedenen Patienten unterschiedliche seltene Bluterkrankungen (lymphoproliferative Tumoren) diagnostiziere oder, wie auf der Infektiologie, eine seltene Pilzinfektion (systemische Blastomyzesinfektion) bei einem und einen bestimmten Virus (CMV) als Ursache einer Milzruptur bei einem anderen feststelle, dann ist das medizinisch zwar befriedigend, aber nicht unbedingt relevant für meine zukünftige Arbeit als Allgemeininternist. Solche Fälle sind selten und dafür meine Weiterbildung zu verlängern scheint nicht sinnvoll.

Meine US-Kollegen und ich waren daher mit den kurzen Rotationen hochzufrieden und haben das Gefühl, sehr viel gelernt zu haben, auch sehr viel gesehen zu haben und in die wichtigsten Fächer hineingeschnuppert zu haben. Es befriedigt uns auch zu wissen, daß wir nach 36 Monaten und eben 36 Rotationen Facharzt geworden sind, daß es einen klaren Schlußstrich gab, was in Deutschland nicht immer der Fall ist. Die fachärztliche Ausbildung hatte Hand und Fuß.

Der US-Facharzt

Es gilt facharztübergreifend eine ähnliche Regel: Alle 10 Jahre muß sich ein Facharzt bei seiner jeweiligen Ärztekammer neu zertifizieren („board certification“) lassen, also sein fachärztliches Wissen unter Beweis stellen. Dieses geschieht im Rahmen einer ein- oder zweitägigen schriftlichen Prüfung und wird mit einer gewissen Nervosität angegangen. Denn wer nicht besteht, kann zwar weiterhin als Facharzt arbeiten, aber nur sehr eingeschränkt: In den USA wird zwischen zwei Stufen eines Facharztes unterschieden, nämlich derjenigen des zertifizierten und derjenigen des nichtzertifizierten bzw. zertifikatabgelaufenen Facharztes („board-certified“ versus „non-board-certified“).

Doch wie wird man überhaupt Facharzt? Zunächst muß jeder Arzt, der in den USA praktizieren will, eine fachärztliche Weiterbildung („residency“) von Anfang bis Ende durchlaufen. Das gilt für Medizinstudenten, für ausländische Ärzte und für Quereinsteiger, d. h. Ärzte, die von einem US-Facharztgebiet zum anderen wechseln, wobei diese letzte Gruppe in seltenen Fällen einen Teil ihrer Ausbildungszeit angerechnet bekommt, während die anderen Gruppen (auch hier wenige Ausnahmen) die gesamte Ausbildungszeit durchlaufen müssen. Hat man diese mehrjährige Weiterbildung absolviert, die übrigens mindestens drei Jahre lang ist, dann ist man schlicht und einfach ein Facharztabsolvent („residency graduate“). Man muß bis zum Erwerb des Facharztes im Rahmen der Ausbildung eine Vielzahl an kleineren und größeren Prüfungen ablegen, bestimmte Eingriffe nachweisen und bestimmte Krankheiten kennen- und behandeln gelernt haben, neben oft sehr langen und vielen Arbeitsstunden im Krankenhaus und einer Praxis unter fachärztlicher Leitung.

Erst nach dem Facharzterwerb darf man die schriftliche Facharztprüfung („medical board“) ablegen, die je nach Fachgebiet ausschließlich schriftlich ist oder ggf. einen mündlichen Teil umfaßt. Diese Prüfung muß nicht unbedingt abgelegt werden, wird aber dennoch von einer sehr großen Zahl der Fachärzte, weil man sonst Arbeitseinschränkungen hat: So kann man an den meisten Krankenhäusern und Praxen erst dann arbeiten, wenn man zertifiziert ist („board certified“), d. h. nicht nur Facharzt ist, sondern auch die „board“-Prüfung, die von mir als Facharztprüfung übersetzt wird, geschrieben und bestanden hat.

Man kann diese nur einmal jährlich schreiben (meist im August eines jeden Jahres), was den mentalen Druck des Bestehenwollens erhöht. Wenig überraschend gibt es einwöchige Fortbildungstagungen, an dem der als relevant erscheinender

Stoff durchgearbeitet wird, „board preparation classes“. Da etwa 90 % aller Prüflinge bestehen ist die Freude meistens groß, aber die anderen 10 % sind beim Erhalten ihres Ergebnisses mit ihren Gedanken schon bei der nächsten Prüfung und Vorbereitung hierauf.

Wie eingangs erwähnt, „müssen“ (es besteht kein Zwang, aber fast jeder Arzt schreibt die Prüfung dann doch) nicht nur die neuen Fachärzte diese Prüfung schreiben, sondern sie muß alle zehn Jahre wiederholt werden, so daß manche das Auslaufen ihres alten Prüfungsergebnisses nutzen um kurz davor in Rente zu gehen. Denn der Aufwand ist enorm, sowohl finanziell weil die Gebühren oft mehr als tausend US-Dollar kosten, aber auch mental, denn viele Kollegen präferieren den Umgang mit realen Patienten dem Lernen und der Prüfung am virtuellen.

Assistenzärzte arbeiten zu wenig

Im März des Jahres 1984 verstarb die 18-jährige Studentin L. Z. in einem New Yorker Krankenhaus am Serotoninsyndrom, einem Stoffwechselzustand bei der, meistens aufgrund von zu vielen bestimmten Medikamenten, der Körper zu viel der Substanz Serotonin freisetzt und es dadurch zu sehr hohem Fieber, Krämpfen und manchmal sogar Herz-Kreislaufversagen kommt. Die sie betreuenden Ärzte, eine Assistenzärztin im ersten Jahr ihrer Ausbildung und der ihr übergeordnete Assistenzarztkollege im zweiten Jahr seiner Ausbildung, wurden USA-weit berühmt als Folge der sich nach dem Tod der jungen Patientin jahrelang anschließenden juristischen und medialen Gefechte.

L. Z. hatte am Tag vor ihrer Aufnahme vermutlich Kokain und ihr tägliches Antidepressivum Phenelzin zu sich genommen. Im Laufe des Aufnahmemorgens hatte sie Fieber und Muskelschmerzen entwickelt. Ihr Hausarzt ließ sie zur symptomatischen Therapie und intravenösen Flüssigkeitszufuhr stationär aufnehmen. Die beiden oben genannten Assistenzärzte nahmen sie in jener Nacht unter seiner Aufsicht auf und betreuten neben ihr mehrere Dutzend andere Patienten; sie waren im früher üblichen 36-Stundendienst.

Diese Faktoren wurden später auch als Teilursache für den Tod der Patientin angesehen: Denn als die junge Frau im Laufe der Nacht neben Fieber auch noch Muskelzuckungen entwickelte, wurde telefonisch das fiebersenkende Mittel Meperidin verordnet; leider verschlechterte das das nicht-diagnostizierte Serotoninsyndrom und im Laufe der Nacht wurde die 18-jährige Patientin zunehmend verwirrt. Erneut wurden telefonisch Therapien verschrieben, die Patientin aber aufgrund Übermüdung und Überarbeitung der Assistenzärzte nicht persönlich untersucht; da sie unruhig wurde, legte man ihr Bettfesseln an und das Beruhigungsmittel Haloperidol wurde gegeben, erneut ein Medikament welches wohl das zugrundeliegende Serotoninsyndrom noch weiter verschlechterte.

Zum Teil wegen all dieser Interventionen und ohne größere ärztliche Evaluierung verschlechterte sich der Zustand der Patientin noch weiter, das Fieber stieg noch höher auf mehr als 42 Grad Celsius und sie verstarb weniger als 24 Stunden nach Aufnahme an Herzkreislaufversagen. Der Vater der jungen Frau war nicht nur Journalist, sondern auch Rechtsanwalt. So folgte das, was in den USA oft passiert: Ein Gerichtsverfahren wurde gegen alle beteiligten Ärzte und das Krankenhaus eingeleitet. Es zog sich über viele Jahre hin, schlug sehr hohe Wellen und ging durch einige Instanzen; an dessen Ende stand neben diversen Geldzahlungen auch eine Reform des Arbeitszeitgesetzes für Assistenzärzte in den USA, das 2003 offiziell eingeführt wurde.

Seither ist es Assistenzärzten nicht gestattet, länger als 80 Wochenstunden zu arbeiten (maximal 28 Stunden am Stück), und sie müssen mindestens 24 Stunden am Stück pro Woche frei haben. Diese Gesetze werden stetig verschärft, daher werden wohl noch weitere Änderungen in der Zukunft eintreten. Als eine Befragung unter Assistenzärzten im Jahr 2012 gemacht und veröffentlicht wurde, im *New England Journal of Medicine* Ende Mai 2012 publiziert, war interessanterweise die Mehrzahl der Assistenzärzte unzufrieden mit den Arbeitszeitbegrenzungen und –regelungen: Sie haben das Gefühl weniger zu lernen als früher und finden, daß sie im Gegenzug weiterhin nicht sehr viel Freizeit haben. Man könnte auch plakativ sagen, daß sie mehr arbeiten wollen. Es ist eine andere Welt in den USA wo man sich eben manchmal beschwert, wenn man zu wenig arbeitet.

Wie wird man Assistenzarzt in den USA?

In den USA hat der Arztberuf traditionell einen hohen Stellenwert. Wenn man „undergraduates" im ersten Semester befragt was sie machen wollen, geben manchmal bis zu einem Drittel von ihnen an Arzt werden zu wollen. Doch wer dann beginnt all die Hürden zu durchlaufen, hört manchmal von alleine auf, diesen Karrierepfad zu verfolgen, weil er so beschwerlich ist. Andere wiederum werden bei fehlender Eignung oder schlechten Noten auf einem der vielen Stationen auf dem Weg zum Arztsein ausgesiebt; es ist nicht anders als in vielen anderen Ländern.

In den USA studiert man acht Jahre lang ehe man als Assistenzarzt arbeiten darf: Vier Jahre als „undergraduate", an dessen Ende ein Bachelor-Diplom steht, wobei das Fachgebiet früher vor allem eines der klassischen Medizinfächer Biologie oder

Chemie war, heutzutage auch Fächer wie Soziologie, Mathematik oder Ingenieurwissenschaften umfassen darf. Die Noten müssen natürlich sehr gut sein. Im Laufe des dritten Undergraduatejahres legt man eine Medizinerprüfung, den MCAT, ab und bewirbt sich am Anfang des vierten Undergraduatejahres an diversen medizinischen Fakultäten um Aufnahme.

Es werden dort dann eintägige Vorstellungsgespräche durchlaufen, Aufsätze und individuelle Prüfungen abgelegt und am Ende, wenn es klappt, wird man an einer medizinischen Fakultät zum 1. Juli eines bestimmten Jahres angenommen. Hiernach beginnt dann das eigentliche und vierjährige Medizinstudium, das zwar im Einzelnen anders als das deutsche System aufgebaut ist, aber das gleiche Ziel hat: Medizinwissen zu vermitteln. Es beinhaltet viele klinische Rotationen, aber auch einige theoretische, in typischen Vorlesungssälen abgehaltene Kurse.

Gegen Ende des zweiten Medizinstudienjahres schreibt man das „United States Medical License Examination Step 1“, USMLE Step 1, und studiert dann, unabhängig wie man abgeschnitten hat, weiter. Im Laufe des dritten Studienjahres schreibt man dann das USMLE Step 2 CK (CK = Clinical Knowledge) und im Verlauf des vierten Jahres wird das mündliche USMLE Step 2 CS (CS = Clinical Skills) mittels simulierter Patientenschauspieler abgelegt.

Hat man all diese Hürden erfolgreich bestanden und die Fachrichtung gewählt, bewirbt man sich via einer zentralen Behörde („National Resident Matching Program“, NRMP) um eine Stelle als Assistenzarzt an den diversen Weiterbildungsprogrammen („residency“). Wie üblich in den USA benötigt man Empfehlungsschreiben, muß sogenannte Motivationsschreiben (z. B. „Wieso wollen Sie Internist werden?“) verfassen und dann diverse Noten und allerlei Dokumente einreichen.

Zwischen Oktober und Januar des letzten Medizinstudiumjahres wird man dann zu eintägigen Auswahlverfahren eingeladen, fliegt dabei durch das Land und muß vor Ort bei den Krankenhäusern allerlei Vorstellungsgespräche und gelegentlich kleine Prüfungen absolvieren. Im Februar gibt man dann seine Präferenzliste ab wo man gerne arbeiten möchte, und im März erfährt man dann, ob und wo es geklappt hat und wo man ab dem 1. Juli als Assistenzarzt arbeiten wird. Das ist der Weg der in den USA studierten Mediziner hin zum Assistenzarzt.

Doch was machen jene bedauernswerten Kreaturen, die nicht in USA studiert haben (mich eingeschlossen)? Es gibt auch viele Amerikaner, die nicht an einer medizinischen Fakultät in den USA angenommen wurden und in der Karibik oder in Europa studierten, aber zur fachärztlichen Ausbildung in die USA gehen wollen. All diese ausländischen Ärzte müssen zunächst ihr Medizinstudium anerkennen lassen, ein langer bürokratischer Prozeß, und dann die Prüfungen USMLE Step 1, 2 CK und 2 CS ablegen, um dann den Bewerbungsprozeß um eine Assistenzarztstelle wie oben geschildert zu durchlaufen. Wer Glück hat, wird angenommen und darf zur Belohnung 70 bis 80 Wochenstunden die Woche arbeiten.

Abschiedsfeier: Endlich Facharzt

Die Stadt Minneapolis entstand an der Mündung der beiden großen Flüsse Mississippi und Minnesota, der Mississippi 3.800 Kilometer lang, letzterer immerhin knapp 500 Kilometer lang. Begehrte Wohn- und Freizeitanlagen liegen an einem der beiden Flüsse. So fand auch die Abschiedsfeier von uns Assistenzärzten in einem Festsaal am Fluß Minnesota statt, dem Minnesota Valley Country Club. Was unsere Graduierungsfeier gekostet haben mag, kann ich nicht sagen, aber angesichts der exklusiven Lage am Fluß inmitten einer 70-Hektar großen Golfanlage in einer der teuersten Gegenden von Minneapolis, wird es wohl im fünfstelligen Dollarbereich gewesen sein. Man merkt, daß man als Arzt respektiert wird und der Facharzterwerb ein sehr wichtiger Schritt für uns Ärzte, für alle Ärzte, ist.

Das Ambiente war großartig; und so fand an einem Freitagabend im Juni des Jahres 2012 unsere Verabschiedung, unsere Graduierungsfeier, ebenda statt. Drei Jahre Facharztausbildung waren zu Ende gegangen. Um 18:30 Uhr trafen allmählich die knapp 100 eingeladenen Ärzte ein, mehrheitlich Internisten und Unterspezialisten aus dem internistischen Spektrum wie Nephrologen oder Kardiologen, und es wurde in lockerer Atmosphäre das gemacht, worin Amerikaner sehr gut sind: Geplauder, also *small talk*. Um Punkt 19:30 Uhr ergriff der Chefarzt das Wort, bat uns an unsere Tische und ein viergängiges Abendessen wurde aufgetragen. Es folgte das Programm, d. h. eine lockere Vorstellung von uns frisch gekürten Fachärzten durch zwei Oberärzte, hiernach eine zwanzigminütige Abschiedsrede und dann der Höhepunkt, das Überreichen unserer Facharzturkunden.

Einer nach dem anderen wurde aufgerufen, Feierlichkeit herrschte vor, und jeder einzelne schüttelte dem Chefarzt und den wichtigsten Oberärzten die Hände um dann sein eingerahmtes Facharztdiplom überreicht zu bekommen. Wir bekamen viel Applaus und durch die Glasscheiben die Blicke der neugierigen Golfspieler, die in der Abenddämmerung immer wieder zu uns im hell erleuchteten Festsaal aufblickten. Dann ein letztes gemeinsames Gruppenfoto und hiernach gingen wir alle nach Hause im Wissen, daß ein großer Abschnitt hinter uns lag und jeder schon mit einer Arbeitsstelle versehen. Deutsche Abiturienten feiern ihr Abitur viel ausgiebiger als wir es taten – einfach nur dem Alter geschuldet, so meine Vermutung. Nun war uns klar, daß wir wirklich Fachärzte waren und mit einem Gemisch aus Freude und Wehmut gingen wir nach Hause.

Kapitel 4: Welche Eigenschaften ein Facharzt in den USA benötigt

Einleitung

Den Facharzt der Allgemeinen Inneren Medizin erhielt ich im Jahr 2012 nach Beendigung meiner Ausbildung und legte auch im August desselben Jahres die Facharztprüfung, das „board´s examination" ab. Seither arbeitete ich als Krankenhausarzt autonom und eigenverantwortlich, eben wie ein Facharzt. In wenigen Jahren habe ich ein knappes Dutzend Krankenhäuser kennenlernen können, zum Teil weil meine Arbeitsstellen das erforderten, zum Teil, weil ich die Vielfalt des ärztlichen Krankenhausarbeitens sehen wollte.

Es sollte sich hierdurch mein Blick auf das Gesundheitswesen ändern, und es wurde offensichtlich, daß viele Aspekte die mir wichtig erschienen waren wie erfolgreiche Genesung eines kranken Menschen oder ressourcenschonender Umgang im Rahmen der ärztlichen Behandlung zwar wichtig waren, aber nicht an erster Stelle aus Sicht der Krankenhäuser und ihrer Eigentümer.

Im Alltag des Facharztes wurde schnell klar, daß vor allem wenige Faktoren ausschlaggebend für sein Erfolg sind: Es sind vor allem Profitmaximierung, Vermeidung von juristischen Klagen und Umgänglichkeit, bzw. Kompatibilität zwischen Arzt und Kollegen, aber auch Arzt und Patient. Daß der Patient in irgendeiner Form genesen sollte wurde vorausgesetzt, denn sonst wäre man nicht Facharzt. Viele andere Aspekte schienen sekundär geworden zu sein. Die untenstehenden Texte geben einen Einblick.

Der ideale Facharzt

Meine Facharztkollegen, die zum Teil schon seit dreißig Jahren fachärztlich-internistisch arbeiten, trösteten mich am Ende eines meiner frühen Tage als Facharzt, nach einem anstrengenden Tag: Ich hatte zwanzig Patienten visitiert, davon acht entlassen und sechs weitere aufgenommen – ein hohes Pensum im Vergleich zu meiner Facharztausbildungszeit. Mich belastete am meisten der Gedanke, daß ich den ganzen Tag hin und her gerannt war und trotzdem das Gefühl hatte nicht genügend Zeit für alle von mir betreuten Patienten gehabt zu haben.

Es ging hier letztlich um die Frage des idealen Facharztes, aber nicht im abstrakten theoretischen Sinn des Helfenwollens und auch –könnens, sondern um die realen Eigenschaften, die man im arbeitsärztlichen Sinn benötigte um erfolgreich in einem US-Krankenhaus zu sein.

Denn das Idealbild eines Arztes wäre es, daß dieser sich ausreichend Zeit nimmt, in manchen Fällen mehrere Stunden, um eine Patientenbefragung durchzuführen, ihn zu untersuchen und im Anschluß seine Eindrücke und den Therapieplan gründlich zu erklären. Dabei sollte der Arzt kosteneffizient Diagnostik und Therapie anordnen und den Patienten dennoch schnellstmöglich kurieren; weiterhin sollte er sich die Zeit nehmen den Familienangehörigen die Therapie zu erläutern, zum Teil sich dabei wiederholen zu müssen und geduldig jede Frage beantwortend. Zudem kommuniziert er im Idealfall direkt mit seinen anderen Arztkollegen und der Krankenpflege, die sich ebenfalls engagiert um die Genesung des Patienten bemühen. Darüberhinaus sollte er die begrenzten Ressourcen der Gesellschaft sinnvoll einsetzen und selber uneigennützig nur finanziell das vom Patienten und der Gesellschaft fordern, was sie bereit sind, ihm zu bezahlen, ohne daß es den Patienten finanziell schmerzt. In seiner Freizeit recherchiert er unklare Sachverhalte und liest diverse Fachjournale, stets auf der Suche nach neuesten Forschungsergebnissen die seine Arbeit noch besser werden läßt, obwohl sie sowieso schon exzellent ist. Er hat dauernd gute Laune, damit die gesamte Behandlungsmannschaft von seinem Enthusiasmus angesteckt wird und der Patient in fröhlicher Atmosphäre genesen kann.

Doch die Wirklichkeit sah ganz anders aus. Zwar sollte der Gesundheitszustand des Patienten sich bessern und dieser lebend das Krankenhaus verlassen, aber an erster Stelle stand die Orientierung an Kennziffern und –zahlen: Durchschnittliche Verweildauer, Patientenzufriedenheit, gesehene Patientenanzahl, um hoffentlich höchstmöglich abrechnen zu können. Es stand somit eine Profitmaximierung im Vordergrund, und somit war klar, daß sich die Idealvorstellung mit der Wirklichkeit zu beißen schien. Das war frustrierend, und meine Kollegen trösteten mich, daß man Nichtmenschliches nur von nichtmenschlichen Wesen verlangen könne, daß ich vor allem an mich zu denken habe und alles Weitere würde sich ergeben. Ich war also Facharzt in den USA geworden und im erlauchten Kollegenkreis angekommen.

Die Autos der Ärzteschaft

Ärzte in den USA haben so manche Privilegien in den Krankenhäusern: Sie haben rund um die Uhr Zugang zu einer Arztkantine, in denen Getränke und diverse Imbisse sowie die Hauptmahlzeiten meistens kostenlos zur Verfügung gestellt werden, sie haben eigene Telefonnummern für ihre IT-Belange und Administrationsfragen, damit sie nicht lange zu warten haben mit ihren telefonischen Anliegen und besitzen meistens eigene Parkplätze, oft überdacht und immer so nahe wie möglich an den Krankenhauseingängen gelegen. Man fühlt sich dadurch wie ein wichtiger Angestellter des Krankenhauses und hoch geschätzt.

Nach meiner Visite ging ich zu meinem nahe gelegenen Auto und dabei an vielen Arztparkplätzen vorbei. Wie es meine Gewohnheit war, ließ ich den Blick über die hoch- und zumeist neuwertigen PKWs schweifen und will diese einmal *pars pro toto* aufzählen: Porsche Cayenne, Porsche Carrera, BMW X5, Audi Q7, Lexus LX, Range Rover Sport und eine Bugatti Veyron 16.4 fielen sogleich auf. Es gab auch größere Autos wie einen Jeep Wrangler oder einen Ford F-150, beides als überdurchschnittlich zu bezeichnende Autos. Nur eine Minderheit der Ärzte fuhr Kleinautos wie einen VW Golf oder einen Nissan Versa, und man mußte erst zum Patienten- und Angestelltenparkplatz blicken um ältere, zum Teil verbeulte, zum Teil kleine Autos sehen zu können. Ärzte sind auch stolz auf ihre Autos, und manchmal sieht man dann auf den Nummernschildern „MD4U“ oder „Dr. Will“ stehen.

Ob die Zurschaustellung eines guten Einkommens nun gut oder schlecht ist, sei dahingestellt, aber es müssen zwei Dinge zumindest betont werden: Erstens hat das Auto als Statussymbol in der US-Ärzteschaft eindeutig weiterhin Bestand. Zweitens sticht ins Auge, wie deutlich ärmer die Autos der deutschen Ärzte sind: Man sieht vor allem VW Golfs und Opel Corsas, nur selten einen Mercedes oder BMW, meist dann der PKW eines Ober- oder Chefarztes. Dafür sieht man oft sehr viele Fahrräder. Was sagt das nun aus über die deutschen Ärzte, eher etwas über ihre Umweltfreundlichkeit oder über ihre Vergütungssituation?

Der schnellste Arzt ist der beste

Als noch neuer Facharzt lernte ich schnell, mich zu adaptieren und Teil der örtlichen Krankenhauskultur zu werden, bzw. man versuchte mich schnellstmöglich in sie zu integrieren, weniger um mir gegenüber gutherzig zu sein als eigene Vorteile aus dieser Integration zu ziehen. Vor allem die Krankenhausleitung forcierte diese Anpassung an ihre Standards.

So wurden wir neuen Fachärzte in regelmäßigen Abständen zum Krankenhausdirektor gerufen, nach kurzer Vorstellung und Eingangsrede wurde dann vor allem über die Kennziffern des Krankenhauses gesprochen. Nicht nur Fachärzte nahmen teil, sondern auch die Sozialarbeitsleitung und der Leiter der Finanzabteilung: Man stellte uns allgemeine Krankenhausstatistiken vor und die zu erreichenden Zielgrößen, aber nach wenigen Minuten kamen wir dann regelmäßig auf Individualstatistiken, also an uns Ärzten erhobene Daten zu sprechen. Es war überraschend, daß schon nach wenigen Wochen Arbeitszeit offensichtlich auch Statistiken in Bezug über selbst die allerneuesten Ärzte vorhanden waren – man hatte in Kleinstarbeit solche Zahlen wie Mortalitätszahlen, durchschnittliche Verweildauer und Patientenzufriedenheit über jeden einzelnen Arzt festgehalten. Diese Zahlen setzte die Verwaltung dann in Relation zu den der anderen Ärzte und all diese Ergebnisse wurden uns in jenen Verwaltungsgesprächen vorgestellt.

Das Ziel war klar, denn es sollte eine kontinuierliche Verbesserung eintreten und anhand des besten Kollegen sollte man stets danach streben ebenfalls besser zu werden. Dauerhafte Selbstoptimierung war das dahinter stehende Gedankenkonzept, und der Krankenhausdirektor nahm oft kein Blatt vor dem Mund um uns auf Verbesserungsmöglichkeiten hinzuweisen – es wurden solche Vokabeln wie „verpaßte Möglichkeitstage" oder „Wachstumspotential" für zu lange Liegedauer gebraucht, „Mortalitätsrisiken" zur Umschreibung von verzögert angesetzter Diagnostik und Therapie. Etwas peinlich berührt stellten wir Neuärzte fest, daß die meisten von uns schlecht abschnitten im Vergleich zu den anderen Ärzten und daß tatsächlich Verbesserungsbedarf bestand, wenngleich niemand von uns die eigentliche Validität der Daten überhaupt überprüfen konnte.

Der Krankenhausdirektor rechnete uns zudem vor, was unsere von ihm dargestellten Defizite bezüglich der Morbidität und Mortalität für Patienten im allgemeinen bedeute, welcher Einfluß ein einziger Krankenhaustag statistisch auf die Infektionsquote eines Patienten besitze und daß jeder Tag im Krankenhaus eine Erhöhung der Mortalität bedeute. Kurz verwies er auch auf das Einsparpotential für das Krankenhaus hin, machte aber vor allem die erhöhten Gefahrenquellen als Antriebsmotiv für uns klar. Er sprach übrigens in solchen Runden nie aus, daß sein Gehaltsbonus, der sich Jahr um Jahr in Millionenhöhe bewegte, unter anderem vom Profit des Krankenhauses abhing. All das erfuhr man oft erst Monate nach solchen Treffen.

Nach solchen von uns als aufreibend empfundenen Gesprächen entließ uns der Direktor zumeist mit netten und aufmunternden Worten. Aber das mulmige Gefühl, daß man als Arzt von allen Seiten beurteilt und beobachtet wird, blieb doch bestehen und das Gefühl, daß man besser und schneller zu werden habe hat sich in unseren Köpfen fest eingegraben.

Patientenzufriedenheit

Es wird zunehmend Druck auf die Krankenhäuser ausgeübt, die Patientenzufriedenheit zu einem wichtigen Maßstab für das Niveau des Krankenhauses werden zu lassen: Wenn ein Patient ein Krankenhaus als „exzellent" einstuft, dann meint er damit seine eigene Zufriedenheit, und das wird in nationalen Studien aufgeführt und soll langfristig nicht nur für Patienten als Meßlatte dienen, sondern ab 2012 für den US-Staat Grundlage sein um die Höhe der Vergütung festzulegen; schlechter bewertete, also unterdurchschnittlich abschneidende Krankenhäuser, erhalten dann weniger Vergütung.

Diese Patientenzufriedenheit wird durch eine schriftliche Befragung der Patienten ermittelt; sie ist unter dem Kürzel HCAHPS bekannt und umfaßt 27 verschiedene Fragen, die z. B. die Interaktion Arzt und Patient, sowie Krankenpflege und Patient betreffen, zum Teil Fragen zur Qualität der Entlassungsdokumente (z. B. ob Entlassungsdokumente ausgehändigt wurden und wie verständlich sie waren), wie gut und schnell die Schmerzen behandelt wurden, ob Sauberkeit und Ruhe im Patientenzimmer herrschten und wie hoch die gesamte globale Zufriedenheit des Patienten sei. Das alles kann auf der Internetseite www.cms.gov nachgelesen werden.

Das klingt auf dem ersten Blick vernünftig und patientenorientiert, doch beim näheren Betrachten ist es nicht ganz so einfach. Denn ein Patient hat oftmals eine im Verhältnis zur Behandlungsmannschaft verzerrte Hierarchisierung: Während der Arzt durchaus bereit ist es als unwichtiges Übel anzusehen, wenn der Kaffee und die Matratze nicht dem Geschmack des Patienten entsprechen, er dafür aber gesund wird, ist der Patient dem Krankenhaus gegenüber aber dennoch verstimmt. Der Krankenhausdirektor wird in solchen Fällen seine Ressourcen ggf. verlagern um den Komfort zu heben und dafür medizinische Verbesserungen etwas weniger beachten. Weiterhin mag ein bestimmter Patient sich ggf. am Ton des Arztes stoßen – jeder Arzt ist anders in seinem Charakter – und gibt dem Arzt eine schlechte Note, obwohl er sich aufgeopfert hat für das Wohl des Patienten und ein solides Fachwissen hat. Soll der kompetente, aber eben nicht interaktionstalentierte Arzt entlassen werden und durch einen interaktionstalentierteren, der ggf. weniger kompetent ist, ersetzt werden? Überspitzt gefragt: Mehr Sein als Schein oder doch lieber mehr Schein als Sein?

Wie wird die Beurteilung ausfallen, wenn das Zimmer nicht ganz sauber war, die Mahlzeiten zu fade und der Bettnachbar ein laut schnarchender Mensch? Das mag oft wichtiger für viele Patienten für ihre Evaluierung sein als der für einen Patienten schwieriger zu greifende Therapieerfolg, der sich meistens in Nuancen abspielt die sich ihm nicht klar offenbaren. Der Einwand, daß alles ideal sein soll, mag zwar statthaft sein, doch ist er realistisch? Gibt es unendliche Ressourcen, mit denen alles verbessert und auf hohem Niveau gehalten werden kann? Ist das Krankenhaus ein hochwertiges Hotel und soll entsprechend ein solches Ambiente bieten, wie von manchen Politikern gefordert?

Was aber besonders am Fragebogen zum Thema Patientenzufriedenheit stört, ist, wie selbstverständlich der Therapieerfolg für die Gesellschaft geworden ist: Der Patient und seine Familienangehörigen sind gar nicht mehr darauf eingestellt, daß ein Patient im Krankenhaus körperlich nicht wiederhergestellt oder sogar versterben könne, sondern es ist so, als käme der Patient mit der absoluten Gewißheit ins Krankenhaus, gesund wieder hinauszugehen und als sei daher ein wichtiges Kriterium nicht die Genesung sondern die individuelle Zufriedenheit.

Das ist zwar eine schmeichelhafte Anerkennung der Fähigkeit eines Krankenhauses und seines Krankenhauspersonals, doch wirklich immer realistisch? Der Mensch kann noch so viel Raubbau mit seinem eigenen Körper betrieben haben, noch so viel Krankheit im Laufe seines Lebens akkumuliert haben, daß es in einem Herzinfarkt oder Hirnblutung kumuliert, aber die Möglichkeit daran zu versterben scheint weniger und weniger thematisiert zu werden.

Daher scheint die Patientenzufriedenheitskennziffer kein sehr guter Indikator zu sein und sollte wieder *ad acta* gelegt werden; das Primärziel eines Krankenhauses soll und muß eine niedrige Mortalität sein, bzw. eine Genesung wie sie noch mit der Lateinformel der *restitutio ad integrum* seit Jahrhunderten propagiert wird. Die Patientenzufriedenheit ist sekundär oder gar tertiär im Verhältnis hierzu. Es ist ungeheuerlich, daß Kollegen und Pflegepersonal plötzlich als schlecht klassifiziert werden, weil Hygieneartikel fehlen, die Krankenpflege angesichts eines Notfalles den Patienten eine längere Wartezeit zumuten und der opiataffine Patient nicht sein Morphin zügig erhält. Daß dann gar auf solchen Fragebögen Geldzahlungen und somit in manchen Fällen die finanzielle Existenz eines Krankenhauses basieren, ist absurd. Doch ist man das nicht im Gesundheitswesen gewohnt, daß fachfremdes Personal, d. h. Politiker, über die Strukturen und Arbeitsweise des Gesundheitswesens maßgeblich mitbestimmen wollen?

Zeit ist Geld

Als stationär tätiger Internist, also als Krankenhausarzt, gibt es in den USA eine Vielzahl an Abrechnungsmöglichkeiten um seine Dienste vom Patienten vergüten zu lassen. Sie sind im Detail komplex, orientieren sich aber von den Beträgen her an jene Abrechnungsschemata wonach der Krankenarzt je nach eingesetztem Zeitaufwand vergütet wird. Dieses soll beispielhaft dargestellt werden im Rahmen eines visitierten Patienten: Dauert die Visite eines Patienten und der für seine Therapie aufzuwendende Zeitaufwand länger als 35 Minuten kann ein Internist den Höchstsatz in Höhe von knapp 90 US-Dollar berechnen. Es setzt natürlich genaue Dokumentation voraus, aber selbst in niedrigeren Stufen erhält der visitierende Arzt noch knapp 65 US-Dollar (Mindestzeitaufwand 25 Minuten) oder einen Betrag, der um die 35 bis 40 US-Dollar liegt als niedrigste Stufe.

Das sind alles beachtliche Beträge, geht man von zehn, fünfzehn oder gar zwanzig visitierten Patienten pro Tag aus, aber natürlich muß dafür eine beträchtliche Dokumentation aufgewendet, die Rechnung an die Krankenversicherung des Patienten gesandt und gelegentlich bei exzessiven Rechnungen mit Überprüfung oder Ablehnung der Honorarforderung gerechnet werden. Man kann sich vorstellen, daß manche Fälle nicht ganz wahrheitsgemäß umfangreicher dargestellt werden oder ein bestimmter Zeitaufwand verzerrt dargestellt wird um ein höheres Einkommen zu erhalten.

Als Gegenbeispiel kommt es auch oft vor, daß ein US-Arzt nicht sonderlich viel Zeit mit einem Patienten verbringen will damit er quantitativ viele Patienten zu einem immer noch beachtlichen Mindestvisitensatz sehen zu können. Das Ziel ist oft eine Einkommenssteigerung. Besonders wortschwülstige Patienten werden in ihren Erläuterungen abgebrochen und mit ihren Fragen an einen anderen Kollegen oder auf einen anderen Tag delegiert. Zeit ist Geld in den USA, im Fall der Visite im wirklichen und wörtlichen Sinn.

Der Arzt verliert

Die Patienten, die einem im US-Krankenhaus als Stationsarzt begegnen, gehören zu sehr anspruchsvollen Menschen von ihren Ansprüchen und Forderungen her. Vieles mag der US-Mentalität des „größer, schneller, höher" geschuldet sein und der dauerhaften Ich-Bezogenheit der Gesellschaft, die aber auch in Europa allenthalben anzutreffen ist und z. B. die EU aktuell in den Abgrund treibt.

Es ist verflixt: Es wird das Paternalistische eines Arztes gefordert in dem Sinn, daß er allzeit verfügbar zu sein habe, daß er Führungskraft beweisen, nur das Beste für seine „Patientenkinder“ anordnen und sich für sie aufopfern solle, also eine Mentalität des 19. Jahrhunderts. Die Kehrseiten wie das Von-oben-herab-Anordnen, ein barscher Umgangston und wenig Kommunikation bzw. Erklärung wird aber klar abgelehnt seitens der US-Patienten. Vielmehr wünschen sie sich das, was man als „Google-Mentalität“ bezeichnen kann, ein hohes Kommunikations- und Interaktionsverhalten mit größtmöglicher Transparenz und Nachvollziehbarkeit, eben die Mentalität des 21. Jahrhunderts. Der Patient meint, daß jegliche Therapiegewalt von ihm auszugehen habe und selbst Kleinigkeiten wie ein Natriumspiegel erklärt werden müsse und die Erklärung noch per Internet nachgeprüft wird.

Weiterhin besitzen US-Patienten bei aller Liebenswürdigkeit die sie oft oberflächlich besitzen mögen, meistens eine Egozentrizität die enorm in ihrem Drang nach Ressourceneinsatz und Zuwendungspflicht ist. Eine Patientin sprach das einmal sehr direkt mir gegenüber aus: „Herr Doktor, alles muß mir erklärt werden. Denn es dreht sich alles nur um mich. Ich bin der Fokus, niemand anderes.”

Diese Erwartungshaltungen des aufopfernden Arztes gegenüber eines egozentrierten Patienten sind natürlich ideal, aber in einer Gesellschaft die den Egoismus fördert und die Empathie entsprechend abschwächt, inkongruent zueinander wie das Dreieck und der Kreis und somit unerfüllbar. Es kommt regelmäßig zu Irritationen, wenn ein paternalistisch angehauchter Arzt wie ich es bin, ein vom Selbstanspruch her aufopferungsvoller Arzt, mit Patienten des 21. Jahrhunderts zu tun hat. Es gibt zu diesem Dilemma keine Lösung, aber so deutlich wie in den USA ist diese Diskrepanz mir bisher nicht aufgefallen.

Arztassistenten

In vielen Arzt- und Internistengruppen gibt es Arztassistenten („Physician's Assistant"). Arztassistenten haben in begrenztem Umfang das Recht, ärztliche Aufgaben als nicht Nichtärzte unter der Leitung von Ärzten auszuführen. Dafür haben sie eine begrenzte medizinische Studiumsausbildung durchlaufen, die im Gegensatz zum vierjährigen Arztstudium meistens zweijährig ist. Übrigens werden Studiengänge hierzu seit jüngster Zeit auch in Deutschland angeboten, wie z. B. an den Fachhochschulen in Karlsruhe oder Rheine. Das Berufsbild und Studium des Arztassistenten wird dabei wie folgt umschrieben: „Der Bachelor-Studiengang Physician Assistant [Arztassistent, P.N.] qualifiziert für die eigenständige; ärztlich delegierte Assistenztätigkeit im Berufsfeld des Operationsdienstes, der Intensivstation, der Notfallambulanz, der Dialyse und der Funktionsdiagnostik" (Quelle: http://www.mhrheine.de).

Arztassistenten sind z. B. im Operationssaal tätig und häufig der Hauptassistent des Chirurgen, helfen ihm aber auch bei der chirurgischen Hauptvisite, erledigen oft die ersten Verbandswechsel nach Operationen etc. Auch bei Internisten übernehmen sie seit vielen Jahren wesentliche Aufgaben in der Visite und Erstbetreuung von Patienten. Dabei ist die Hauptaufgabe der Arztassistenten zweigeteilt: Sie sollen den Ärzten Arbeit abnehmen, sie hierdurch entlasten in einem normalerweise sehr vollen Arbeitstag und dabei Patienten derart gründlich visitieren, daß man die Patienten bei der offiziellen Nach- bzw. Hauptvisite nur wenige Minuten besucht, weil der Arztassistent schon alles erledigt hat. Die Visite ist dabei ähnlich kurz wie in Deutschland die Oberarztvisite in vielen Krankenhäusern. Sie sollen nämlich die ärztliche Effizienz steigern, also ein höheres Patientenvolumen pro Arzt ermöglichen, wodurch eine Arztgruppe mehr Geld einspielen kann.

Denn ganz billig sind Arztassistenten nicht: Sie arbeiten vier Tage die Woche von morgens 7 bis abends 17 Uhr bei meistens 20 Tagen Jahresurlaub und verdienen dafür knapp 95.000 US-Dollar pro Jahr. So mancher deutscher und europäischer Arztkollege wünscht sich solch ein Gehalt und Arbeitszeiten.

Mit solchen Arztassistenten habe ich persönliche Erfahrungen machen können. Bekam ich eine Aufnahme, gab ich sie an ihn weiter. Er nahm den Patienten auf, schrieb alle Anweisungen, erledigte all die anfallenden organisatorischen Arbeiten, schrieb den Aufnahmearztbrief und stellte mir den Fall dann zusammen mit oft 15 anderen von ihm visitierten Patienten nachmittags vor. Ich visitierte alle Patienten danach gemeinsam mit ihm – das dauerte für mich insgesamt wohl knapp anderthalb Stunden – und unterschrieb all seine Arztbriefe und Anweisungen, also ähnlich einer Oberarztvisite. Dadurch konnte ich deutlich mehr Patienten an Tagen mit ihm sehen als bislang.

Der Nachteil solcher Konstellationen liegt natürlich auf der Hand: Den einzelnen Patienten kann ich nicht so gut kennenlernen und mich im Fall vertiefen wie ich es sonst tue. Es schiebt sich eine Person zwischen die Beziehung Arzt-Patient. Weiterhin ist der Arzt abhängig von der Qualität des Arztassistenten – ist sie nicht gut, dann leidet die gesamte Behandlung hierunter. Außerdem haftet letztlich der betreuende Arzt für die Therapieentscheidungen des Arztassistenten mit. Daher überrascht es, daß diese Arztassistenten so flächendeckend eingeführt werden und auch nach Deutschland kommen.

Aber US-Politiker gehen davon aus, daß angesichts eines Arztmangels und seiner hohen Kosten die zunehmende Umverteilung auf Arztassistenten zukunftsträchtig ist. Sie erhoffen sich eine gewisse Konkurrenz mit marktverbessernden, will heißen kostensenkenden Effekten. Ob das wohl wirklich der Königsweg sein wird?

Arztlizenzen: Regionale Arbeitserlaubnis

In den USA benötigt man wie in Deutschland eine ärztliche Approbation zur Ausübung des ärztlichen Berufes. Weiterhin, und hier eine Besonderheit des US-Systems, wird eine sogenannte Arztlizenz („medical license“) je Bundesstaat verlangt. Man muß sich zwar auch in Deutschland bei der jeweiligen Landesärztekammer melden und hat gewisse administrative Hürden dabei zu durchlaufen, aber der Prozeß ist in den USA deutlich ausgeprägter und kostspieliger. Diese Arztlizenzen kosten meistens einen höheren dreistelligen Betrag für die Antragsstellung und jährliche Neuausstellung – z. B. 350 US-Dollar für Minnesota für eine Einjahreslizenz, die Jahr um Jahr verlängert werden muß – und erfordert das Einreichen von sehr umfangreichen Dokumenten.

Ein Wechsel von Bundesstaat zu Bundesstaat ist dabei nicht leicht möglich, denn es vergehen nach Erstantragsstellung oft Monate, ehe eine Arbeitslizenz erteilt wird, die dann meistens auf nur ein Jahr begrenzt ist. Bei Antragsstellung müssen oft ärztliche Kollegen gegenüber der bundesstaatlichen Ärztekammer sich für die Fähigkeiten des Arztes verbürgen, er muß seine Medizinstudiums- und Lizenzdokumente kostenträchtig nachbestellen, muß Fingerabdrücke machen lassen, das Äquivalent eines Führungszeugnisses wird beantragt, alle Krankenhäuser in denen man in den letzten Jahren tätig war angeschrieben und noch vieles mehr.

Das mag mit erklären wieso so viele Ärzte so selten die Stelle wechseln – man ist einfach zu bequem, um diesen großen Aufwand auf sich zu nehmen. Das hilft dann der Krankenhausverwaltung Druck auszuüben, weil sie weiß, daß ein Arzt nur in begrenztem Umfang wechseln kann.

„Ich will mehr Konsile"

Ähnlich wie in vielen westlichen Ländern gibt es auch in den USA etliche Patientensituationen, in denen man den Rat von Ärzten aus anderen Fachrichtungen benötigt, also ein Konsil einfordert. Ein klassisches Beispiel ist die internistische Aufnahme eines Patienten mit Oberbauchbeschwerden, bei dem sukzessiv eine Gallenblasenentzündung festgestellt wird, und nun der Chirurg im Rahmen eines allgemeinchirurgischen Konsils befragt wird, ob und wann die Gallenblase zu entfernen sei.

Aus Deutschland und Frankreich habe ich noch in Erinnerung, daß Konsile bei den Konsiliarärzten nicht besonders beliebt waren. Man mußte manchmal einige Tage auf Erledigung warten oder sogar anrufen und anmahnen, ehe sie erledigt wurden. Das empfinden Ärzte natürlich als unangenehm, weil oft das Gefühl vorherrscht, daß die Therapie des Patienten nicht so recht vorankommen kann wenn man von einem Fachkollegen abhängig ist und dieser sich Zeit bei der Erledigung läßt.

In den USA ist die Situation eine deutlich andere – Konsile sind nicht nur völlig normal, sondern sehr erwünscht. So gibt es beispielsweise mehrere Pulmologiegruppen, die sich gegenseitig darum streiten, wer von mir und meiner Internistengruppe bevorzugt zu konsultieren sei: Wir werden regelmäßig angesprochen und uns wird gedankt für jedes einzelne Konsil. Die Pulmologen geben uns ihre Privatnummer um sie zu jeder Tages- und Nachtzeit bei Fragen anrufen zu können, sie kommen selbst zur Nachtzeit – gerne wie sie versichern – ins Krankenhaus um dringende Konsile zu erledigen und sind einfach sehr nette und umgängliche Ärzte.

Hier besteht, genauso wie bei der Wahl des Chirurgen, des Kardiologen, des Nephrologen, des Orthopäden und vielen anderen Fachrichtungen, die Qual der Wahl: Die meisten Gruppen sind fachlich sehr kompetent, sehr aufgeschlossen und einfach sympathische und fleißige Ärzte, stets bereit, jedes Konsil zu erledigen und dafür auch sehr dankbar. Sie schreiben dann jedes Mal auch ein Dankeschön in ihre Konsilschreiben das in etwa lautet "Wir wollen Dr. XY danken konsiliarisch an der Behandlung des Patienten mitwirken zu dürfen und werden ihn gerne mit Ihnen täglich visitieren".

Der Grund dieser Motivation ist wohl sehr banal und ein monetärer. Denn jeder Konsiliararzt erhält für ein Konsil bis zu 200 US-Dollar, in manchen Fällen sogar deutlich mehr; auch wenn manchmal ein unversicherter Patient oder ein *Medicaid*-Patient sich darunter befindet mit entsprechender niedriger Vergütung, so ist und bleibt die große Masse der Konsile gutbezahlt. Erst durch diese Konsile kann man sich das schöne Leben des Spezialisten in den USA leisten, der durchschnittlich um die 350.000 US-Dollar jährlich verdient.

Aus Patientensicht ist die US-Medizin besser: Hochmotivierte Konsiliarärzte arbeiten gerne Hand in Hand mit den Internisten und Allgemeinchirurgen zu seinem besseren Wohl, und die Kommunikation ist reibungsarm; interessanterweise erhält der Konsiliararzt auch eine höhere Vergütung, wenn er sich direkt mit dem Internisten abspricht. In den USA bleiben Konsile daher nicht lange liegen.

Ausgebrannte US-Ärzte

Neue Studien belegen, was vielen im Gesundheitssystem schon lange ersichtlich ist: Ärzte in den USA leiden unter dem Erschöpfungssyndrom, sind ausgebrannt. Eine im Jahr 2012 veröffentlichte Studie zeigt das beispielhaft auf, nämlich die des Wissenschaftlers Shanafelt: „Burnout and satisfaction with work-life balance among US physicians relative to the general US population", Arch Intern Med 172 (18): 1377-1385.

7.288 Ärzte wurden mittels Fragebögen befragt, und es zeigte sich, daß knapp die Hälfte, nämlich 45,8 % aller befragten Ärzte mindestens, unter einem der typischen Symptome des generalisierten Erschöpfungssyndroms (das sogenannte „Burnout") leiden. Einer der Gründe mag wohl in der sehr hohen Wochenarbeitszeit liegen; 37,9 % aller Ärzte arbeiten wöchentlich mehr als 60 Stunden in den USA. Die allgemeine Bevölkerung arbeitet nur etwa zu 10,6 % solche langen Arbeitszeiten. Weiterhin waren die Ärzte mit 40,2 % im Gegensatz zur Allgemeinbevölkerung mit 23,2 % deutlich unzufriedener mit ihrem Arbeits-Lebens-Gleichgewicht („work-life-balance").

Das ist erschreckend, denn ärztliche Qualität hängt zu einem nicht unwichtigen Teil von ihrer Motivation und Zufriedenheit ab. Gerade unter bestimmten Fachrichtungen ist in den USA die Unzufriedenheit und damit Symptome eines Ausgebranntsein besonders hoch: Überproportional viele Notaufnahmeärzte (ca. 70 %), Allgemeininternisten (ca. 53 %), Neurologen (ca. 50 %) und Hausärzte (ca. 49 %) fühlen sich ausgebrannt und erschöpft. Das ist natürlich deshalb besonders prekär, weil diese Fachrichtungen überproportional oft die Hauptlast bei der Versorgung alter, armer und multimorbider Patienten tragen. Die Anforderungen sind einfach sehr hohe an die US-Ärzte, und so ganz genau wissen viele nicht wie sie damit umgehen sollen, arbeiten aber weiter, ob sie nun ermüden oder nicht.

Nachwort

Viele Einzeleindrücke sind in den obigen Texten zusammengestellt worden und sie zu einem zusammenhängenden Bild zusammen zu führen fällt nicht leicht. Klar ist, daß sich in den Jahren meiner ärztlichen Tätigkeit die eigene Perspektive verschoben hat – dem anfänglichen Idealismus und einer etwas schönverzerrten Sichtweise ist einer gewissen realistischeren Einstellung mit leichten resignierenden Untertönen gewichen: In amerikanischen aber auch deutschen Krankenhäusern wird oft exzellente Arbeit geleistet, aber nicht immer und manchmal scheint der kranke Patient vergessen und es stehen Profitmaximierung und eigene Interessen im Vordergrund. Das Altruistische scheint dann vergessen zu sein.

Auch neigt man gerade in Deutschland dazu, das staatliche System im Verhältnis zum amerikanischen zu glorifizieren, was mir als in beiden Systemen arbeitender Arzt nicht ganz verständlich ist. Denn das amerikanische Krankenhaus ist im Zweifelsfall leistungsfähiger und auf Notfälle viel besser vorbereitet wie man zum Beispiel im Umgang mit der Ebola-Epidemie in den Jahren 2014-2015 sehen kann; das deutsche Gesundheitswesen kann Spitzenmedizin in nur ganz wenigen Zentren und dann nur durch die Bündelung aller Ressourcen anbieten, während in den USA eine kaum zu beschreibende Zahl an Ressourcen zur Verfügung steht.

Daß in den USA viele Gesundheitsindikatoren so schlecht sind – genannt seien die durchschnittliche Lebenserwartung oder die Kinder- und Müttersterblichkeit – ist auf eine hohe Disparität zwischen armen und wohlhabenden Menschen in den USA zurückzuführen, das heißt primär ein statistischer Effekt.

Mit anderen Worten werden mehr Ressourcen für jene Menschen aufgewendet die es sich in den USA leisten können, und darunter leiden eben jene Menschen die es sich nicht leisten können, während in vielen westlichen Staaten das Geld und somit die Gesundheit von reich auf arm, von gesund auf krank quersubventioniert wird. Wer arm oder krank ist, lebt entsprechend besser in Europa, wer reich oder gesund ist besser in den USA.

Natürlich ist solch eine Disparität für ein westliches Land wie den USA ein moralisches Armutszeugnis, gerade weil inmitten der reichen Städte viele arme und kranke Menschen leben und somit den meisten täglich vor Augen geführt wird. Doch dieser Zustand ändert sich und genau deshalb wird das Gesundheitssystem seit Jahren reformiert, zuletzt unter Präsident Obama im Jahr 2010; mittlerweile steigt die Versicherungsquote auf noch nie gesehene Werte an und bewegt sich allmählich auf die 90 %-Marke zu. Das alles wird USA nachhaltig und auf nicht klare Art und Weise verändern, und die Zeit seit 2010 wird im Gesundheitswesen wirklich als eine Umbruchszeit wahrgenommen. Die USA und sein Gesundheitswesen werden damit dem europäischen und auch dem deutschen ähnlicher.

Doch ist das das Ziel? Ist der Stand des deutschen Gesundheitswesens wirklich erstrebenswert? Sind die darin arbeitende Ärzte und Pfleger zufrieden? Wieso träumen so viele von der Auswanderung und arbeiten tatsächlich in so großer Zahl in der Schweiz, in England oder in skandinavischen Ländern? Man sieht oft osteuropäische Ärzte in deutschen Krankenhäusern arbeiten, aber sieht man amerikanische oder kanadische Ärzte oder Pfleger darin arbeiten? Gibt es nicht viele bekannte Größen, die sich eben nicht in kassenärztlichen Krankenhäusern, sondern in Elitekrankenhäusern oder gar in anderen Ländern behandeln lassen? Spricht das nicht dafür, daß es ein Gefälle zwischen nichtdeutschen, in diesem Fall amerikanischen, und deutschen Krankenhäusern gibt?

Seit Jahren wird von Mißständen berichtet, aber wenig seitens der Politik gemacht. Wenn Reformen angestoßen werden, dann handelt es sich um kleine Verbesserungen und so bleibt ein deutsches Krankenhaussystem, das zwar funktioniert, aber nicht reibungslos und wo der Arzt, der Patient, der Pfleger und viele andere Menschen nicht zufrieden, ja, manchmal sogar unglücklich sind. Das zu verbessern wäre das Ziel, aber es wird eine Utopie bleiben.